新潮文庫

人間の建設

小林秀雄
岡　　潔　著

新潮社版

8900

目次

人間の建設

学問をたのしむ心

小林 今日は大文字*の山焼きがある日だそうですね。ここの家からも見えると言ってました。

岡 私はああいう人為的なものには、あまり興味がありません。小林さん、山はやっぱり焼かないほうがいいですよ。

小林 ごもっともです。私はいっぺんお目にかかってお話をうかがいたいと思っていたので、出向いたわけです。雑誌屋さんは速記をとると言っていますが、これはまあ雑誌屋さんの別箇の考えです。さっき、自動車の中のお話のつづきですが、いまは学問が好きになるような教育をしていませんね。だから、学問が好きという意味が全然わかっていないのじゃないかな。

岡　学問を好むという意味が、いまの小中高等学校の先生方にわからないのですね。好きになるように教えなくてはいけないといっても、どういうことかわからないのですね。なぜわかりきったことがわからないか。なぜ大きな心配ほど心配しないのか。現状はわかりきったことほどわからない。どこに欠陥があるからそうなっているかということを究めて、そこから直さぬといかんでしょう。

小林　学問が好きになるということは、たいへんなことだと思うけれども。

岡　人は極端になにかをやれば、必ず好きになるという性質をもっています。好きにならぬのがむしろ不思議です。好きでやるのじゃない、ただ試験目当てに勉強するというような仕方は、人本来の道じゃないから、むしろそのほうがむずかしい。

小林　好きになることがむずかしいというのは、それはむずかしいことが好きにならなきゃいかんということでしょう。たとえば野球の選手がだんだんむずかしい球が打てる。やさしい球を打ったってつまらないですよ。ピッチャーもむずかしい球をほうるのですからね。つまりやさしいことはつまらぬ、むずかしいことが面白いということが、だれにでもあります。選手には、勝つことが面白いだろうが、それもまず、野球自体が面白くなっているからでしょう。その意味で、野球選手はたしかにみな学問しているのですよ。ところが学校というものは、むずかしいことが面白いという教育をしないのですな。

岡　そうですか。

小林　むずかしければむずかしいほど面白いということは、だれにでもわかることですよ。そういう教育をしなければいけないとぼくは思う。それからもう一つは、学問の権威というものがあるでしょう。学問の、社会における価値ですね。それが下落している。

岡　学問の権威というものが、社会に認められていないですね。

小林　学者というものは、俗人じゃないのだから、偉い人なんだという教育、こういう二つがあるとぼくは思う。

岡　なるほどね。

小林　日本の大学の数は、ヨーロッパ全体の大学の数より多いと、岡*さんは書いていらしたが、ヨーロッパの大学は、四年間大学にいれば卒業証書が貰《もら》えるという仕組には出来ていないでしょう。資格を得るのには何年かかるかわからない。また何年かけてもよい。学問は非常にむずかしい。どうしてもむずかしいことをやりたいと願う人だけが学者の資格を取れる。従って大学の先生というものは、そういうむずかしいことを好んでした人だから、ということになっておりましょう。そういうふうに仕向けなければ……。

岡　なるほど。そういう思想はギリシャから来ているのでしょうね。私、ギリシャはあまり調べていないのですけれども、いまお聞きして、もっともと思いました。学問にたいする理想という言葉は、説明すると、なるほどいまおっしゃったようになると思います。学問だけではなく、人のふむ道、真善美、もう一つ宗教の妙、どれについても言えることです。

無明ということ

小林　岡さんは、絵がお好きのようですね。ピカソ*という人は、仏教のほうでいう無明《むみょう》を描く達人であるということをお書きになっていましたね。私も、だいぶ前ですが、同じようなことを考えたことがある。どこかの展覧会にいきまして、小さなピカソの絵をみました。それは男と女がテーブルをはさんで話をしている。ピカソの絵ですから、男か女かわからない。変なごつごつしたもので、とてもそうは見えないけれども、男と女が話しているなと直観的に思った。そうすると、いかにもいやな会話を二人がしているんですな。これは現代の男女がじつに不愉快な会話をしているところをかいたのだなと、ぼくは勝手に思っちゃった。

岡　それは正しい直観だと思います。

小林　岡さんが無明ということを書いていらっしゃったでしょう。ははあ、これは同じ感じだなと思った。

岡　男女関係を沢山かいております。それも男女関係の醜い面だけしかかいていません。あれが無明というものです。人には無明という、醜悪にして恐るべき一面がある。昔、世界の四賢人といって、ソクラテスとキリストと*釈迦《しゃか》と*孔子をあげておりますが、そのうち三人、釈迦とキリストと孔子は、*小我は困ると言っているのじゃないかと思います。キリストは、人の子は罪の子だと言っております。孔子は、七十*にして矩《のり》を踰《こ》えず、つまり自分をしつけて一人前に知情意し、行為するようになれるまで自分は七十年もかかった。それでは後は何も出来ないわけです。釈迦は、無明があるからだということをよく説いて聞かしているのです。人は自己中心に知情意し、感覚し、行為する。その自己中心的な広い意味の行為をしようとする本能を無明という。ところで、人には個性というものがある。芸術はとくにそれをやかましく言っている。漱石*も芥川*も言っております。そういう固有の色というものがある。その個性は自己中心に考えられたものだと思っている。本当はもっと深いところから来るものであるということを知らない。つまり自己中心に考えた自己というもの、西洋ではそれを自我といっております。仏教では小我といいますが、小我からくるものは醜悪さだけなんです。ピカソのああいう絵は、無明からくるものである、そういうことを感じて書いたのです。それから、ギリシャはちょっと違うのです。ギリシャは、多少考えにくいのですが、芥川も、ギリシャ*は東洋の永遠の敵である、しかし、またしても心がひかれると言っておりますね。たとえば、これも書いたのですが、ミロのヴィナス*というものは、あるところまではわかりますが、その先はどうにもわからないのです。そういうものをギリシャはみな持っている。

欧米の文明はギリシャから発したのですから、ギリシャをよく調べないと、わからないでしょうね。

小林さんの学問に関するお話は、いかにももっともと思います。それを無明ということから説明すると、人は無明を押えさえすれば、やっていることが面白くなってくると言うことができるのです。たとえば良寛*なんか、冬の夜の雨を聞くのが好きですが、雨の音を聞いても、はじめはさほど感じない。それを何度もじっと聞いておりますと、雨を聞くことのよさがわかってくる。そういう働きが人にあるのですね。雨のよさというものは、無明を押えなければわからないものだと思います。数学の興味も、それと同一種類なんです。

小林　無明をかく達人である、その達人というものはどうお考えですか。

岡　それほど私はピカソを高く評価しておりません。ああいう人がいてくれたら、無明のあることがよくわかって、倫理的効果があるから有意義だとしか思っておりません。ピカソ自身は、無明を美だと思い違いしてかいているのだろうと思います。人間の欠点が目につくということで、長所がわかるというものではありませんね。とうてい君子*とはいえない。小人*にはいるでしょう。アビリティ*はあります。ピカソの絵の前にながく立っていると、額から脂汗《あぶらあせ》が出る感じです。芥川がどこかの絵の展覧会で、気に入った絵を見ていると、それまで胃の全面にひろがっていた酸が一瞬に引くように感じたということを言っておりますが、絵の調和とか不調和とかいうものは、生理、とくに胃の生理と結びついているように私は思うのです。ピカソの絵は、とうてい長く見ていられない。あれを高い値で買って居間に掛けようというのは、妙な心理です。*フローベルは、悪文は生理に合わないから、息苦しくなると言っておりますが、絵も同じです。自我が強くなければ個性は出ない、個性の働きを持たなければ芸術品はつくれない、と考えていろいろやっていることは、いま日本も世界もそうです。いい絵がだんだんかけなくなっている原因の一つと思います。*坂本繁二郎という人は、そんなにたくさん絵をかいておりませんけれども、あの人が死んだら、後継ぎは出ないでしょうし、*高村光太郎の彫刻もそうです。こういうのを美というのだと思います。今の芸術家はいやな絵を押し切ってかいて、ほかの人にはかけないといって威張っている。

小林　私の家に*地主《じぬし》（悌助《ていすけ》）さんという絵かきさんがときどき来るのですが、この人は石や紙ばかりかいているのです。私はその人の絵を個展で買ったのですよ。大根が三本かいてある。徹底した写実でして、それを持って帰って家内に見せたら、この大根は鬆《す》がはいっている、おでんには駄目だと言うのです。それほどよくかいてある。

岡　紙を絵にかくのですか。

小林　美濃紙でもなんでもかくんです。額ぶちの中へべったり紙をかく。紙ばかりかいて展覧会をしたことがある。それを人がのぞきまして、ほんとうの紙だと思ったわけです。額ぶちの前にまだ紙がたらしてあると思って、ああ未《ま》だかと言って、帰っちゃったというのです。失敗しましたと言っておりましたがね。石の絵も買って掛けてみた。沢庵《たくあん》石ですが、静かな絵ですよ。この人は坂本繁二郎以外にはいまの絵かきを認めないのです。それは要するに写実しないから認めないのですね。いまの絵かきは自分を主張して、物をかくことをしないから、それが不愉快なんだな。物をかかなくなって、自分の考えたこととか自分の勝手な夢をかくようになった。私は絵が好きだから、いろいろ見ますけれども、おもしろい絵ほどくたびれるという傾向がある。人をくたびれさせるものがあります。物というものは、人をくたびれさせるはずがない。

岡　そうなんですよ。芸術はくたびれをなおすもので、くたびれさせるものではないのです。

小林　考えてみると、物と絵かきは、ある敵対状態にあるのだな。物が向うにあって、自分はこっちにいる。それをどう始末するかという意識が心の底にあるのだな。

岡　多分いらいらしていて、それをかくのだろうと思います。

小林　もちろんそういう意識は、おもしろい絵にはなりますな。

岡　いまの絵かきは自分のノイローゼをかいて、売っているといえるかもしれませんね。そういう絵をかいていて、平和を唱えたって、平和になりようがないわけですね。そうでしょう。対象はみんな敵だと思って、ファイトと忍耐をもって立ちむかうのでしょう。そうすると、神経のいらだちがおのずから画面に出る。それがよく出るほど個性があるといっている。なにかそんなふうです。地主さんや坂本さんは、何をかいても絵になると思っているらしい。ところが、不思議なことに何をかいても絵になるのですね。こういう経験がありました。*奈良の博物館で、*正倉院のいろいろなきれを陳列していた。破れてしまっているきれの片々を丁寧に集めて、丹念に紙にはってあるのです。それをこちらも丹念に見ていった。三時間ほどはいっていたでしょうか、外へ出てみると、あのあたりにいろいろな松がはえておりますが、どの松を見ても、いい枝ぶりをしているのですね。それまでは、いい枝ぶりの松なんか滅多にないと思っておった。ところが一本の幹につくその枝ぶりが、どの一つもみなよくできているように見えた。だから、丹念に長いあいだ取り扱ってきたものを見ているうちに、自分の心からほしいままなものが取れたのじゃないか。自然ほしいままなものが取れさえすれば、自然は何を見ても美しいのじゃないか。自然をありのままにかきさえすればいいのだ、そのためには、心のほしいままをとってからでなければかけないのだ、そういうふうになっているらしい。この松は枝ぶりがよいとかいけないとかという見方は、思い上がったことなのです。それではほんとうの絵はかけないらしい。

国を象徴する酒

小林　岡さんはお酒がお好きですか。

岡　自分から飲まないのですけれども、お相伴に飲むことはあります。今日はいただきますよ。

小林　ぼくは酒のみでして、若いころはずいぶん飲んだのですよ。もう、そう飲めませんが、晩酌は必ずやります。関西へ来ると、酒がうまいなと思います。

岡　酒は悪くなりましたか。

小林　全体から言えば、ひどく悪くなりました。ぼくは学生時代から飲んでいますが、いまの若い人たちは、日本酒というものを知らないですね。

岡　そうですか。

小林　いまの酒を日本酒といっておりますけれども。

岡　あんなのは日本酒でありませんか。

小林　日本そばと言うようなものなんです。昔の酒は、みな個性がありました。菊*正なら菊正、*白鷹《はくたか》なら白鷹、いろいろな銘柄がたくさんございましょう。

岡　個性がございましたか。なるほどな。

小林　店へいきますと、樽《たる》がずっと並んでいるのです。みな違うのですから、きょうはどれにしようか、そういう楽しみがあった。

岡　小林さんは酒の個性がわかりますか。

小林　それはわかります。

岡　結構ですな。それは楽しみでしょうな。

小林　文明国は、どこの国も自分の自慢の酒を持っているのですが、その自慢の酒をこれほど粗末にしている文明国は、日本以外にありませんよ。中共*だって、もういい紹興酒《しょうこうしゅ》が飲めるようになっていると思いますよ。

岡　日本は個性を重んずることを忘れてしまった。

小林　いい酒がつくれなくなった。

岡　個性を重んずるということはどういうことか、知らないのですね。

小林　その土地その土地で自然にそういうものができてくるのですから、飲み助はそれをいろいろ飲み分けて楽しんでいるわけでしょう。

岡　日本は、奈良、京都、東京というふうに考えまして、町まちそれぞれ個性をもっておりましたね。このごろの教育は町まちでやっておりますけれども、千篇一律で、個性はありませんね。それはやはり地方地方でやることを教えてもだめで、個性が出るようにするにはどうするかということを教えなければいけないのでしょうね。個性がなくなりました。漬物一つに全く個性がない。アメリカという国は、個性を尊重するようでいて、じつは個性を大事にすることを知らない国なんです。それを真似《まね》ているんですから。食べ物にも個性がなくなっていきますね。しかし、酒に個性があるということは知らなかった。

小林　*灘《なだ》に白鷹の本舗があります。そこに鉄斎*さんの絵がたくさんあるので、私は見にいったことがあります。鉄斎さんの絵も見たかったけれども、本舗でいい酒も飲みたい。そこで御馳走《ごちそう》になりましたが、うまくないのですよ。本舗の御主人は老人でしたが、私は、ちょっと甘いなと言っちゃったのです。そうしたらおじいさんが、だめですよ、あんた、そんな悪口をおっしゃるけれども、このごろ甘くなったのは、酒だけじゃござんせんでしょう、と言う。その通りですよ。昔みたいなうまい酒はできなくなった。本舗がそう言うのですから確かです。ぼくらが若いころにガブガブ飲んでいた酒とは、まるっきり違うのですよ。樽がなくなったでしょう。みんな瓶になりましたね。樽の香というものがありました。あれを復活しても、このごろの人は樽の香を知らない。なんだ、この酒は変な匂《にお》いがするといって、売れないのです。それくらいの変動です。日本酒は世界の名酒の一つだが、世界中の名酒が今もって健全なのに、日本酒だけが大変動を受けたのです。

岡　香をいやがるのですか。

小林　杉の匂いがしますから、だめなんです。そんなふうに口が変った。ソヴェット*に行ったって、ウォトカ*はコンミュニスム*の味はしやしない。日本は、その代り、ウイスキーとか葡萄酒《ぶどうしゅ》がよくなってきた。日本酒の進歩が止まって、洋酒のイミテーションが進んでいる。

岡　日本酒を味わうのと小説を批評するのと、似ているわけですね。

小林　似ていますね。

岡　近ごろの小説は個性がありますか。

小林　やはり絵と同じです。個性をきそって見せるのですね。絵と同じように、物がなくなっていますね。物がなくなっているのは、全体の傾向ですね。

岡　世界の知力が低下しているという気がします。日本だけではなく、世界がそうじゃないかという……。小説でもそうお思いになりますか。

小林　そうでしょうね。

岡　物を生かすということを忘れて、自分がつくり出そうというほうだけをやりだしたのですね。

よい批評家であるためには、詩人でなければならないというふうなことは言えますか。

小林　そうだと思います。

岡　本質は直観と情熱でしょう。

小林　そうだと思いますね。

岡　批評家というのは、詩人と関係がないように思われていますが、つきるところ作品の批評も、直観し情熱をもつということが本質になりますね。

小林　勘が内容ですからね。

岡　勘というから、どうでもよいと思うのです。勘は知力ですからね。それが働かないと、一切がはじまらぬ。それを表現なさるために苦労されるのでしょう。勘でさぐりあてたものを主観のなかで書いていくうちに、内容が流れる。それだけが文章であるはずなんです。小林さんに私の「春宵十話」*を批評してもらった。そのときはじめて小林さんの文章を読んで、面白かったのです。小林さんは、いわゆる世間でいっているような批評家とはちがう。一度お目にかかってみたいと思っていました。

数学も個性を失う

小林　このごろ数学は抽象的になったとお書きになったでしょう。私ども素人《しろうと》から見ますと、数学というものはもともと抽象的な世界だと思います。そのなかで、数学はこのごろ抽象的になったとおっしゃる。不思議なこともあるものだ、抽象的な数学のなかで抽象的ということは、どういうことかわからないのですね。

岡　観念的といったらおわかりになりますか。

小林　わかりません。

岡　それは内容がなくなって、単なる観念になるということなのです。どうせ数学は抽象的な観念しかありませんが、内容のない抽象的な観念になりつつあるということです。内容のある抽象的な観念は、抽象的と感じない。ポアンカレ*の先生にエルミート*という数学者がいましたが、ポアンカレは、エルミートの語るや、いかなる抽象的な概念と雖《いえど》も、なお生けるがごとくであったと言っておりますが、そういうときは、抽象的という気がしない。つまり、対象の内容が超自然界の実在であるあいだはよいのです。それを越えますと内容が空疎《くうそ》になります。中身のない観念になるのですね。それを抽象的と感じるのです。

小林　そうすると、やはり個性というものもあるのですか。

岡　個性しかないでしょうね。

小林　岡さんがどういう数学を研究していらっしゃるか、私はわかりませんが、岡さんの数学の世界というものがありましょう。それは岡さん独特の世界で、真似することはできないのですか。

岡　私の数学の世界ですね。結局それしかないのです。数学の世界で書かれた他人の論文に共感することはできます。しかし、各人各様の個性のもとに書いてある。一人一人みな別だと思います。ですから、ほんとうの意味の個人とは何かというのが、不思議になるのです。ほんとうの詩の世界は、個性の発揮以外にございませんでしょう。各人一人一人、個性はみな違います。それでいて、いいものには普遍的に共感する。個性はみなちがっているが、他の個性に共感するという普遍的な働きをもっている。それが個人の本質だと思いますが、そういう不思議な事実は厳然としてある。それがほんとうの意味の個人の尊厳と思うのですけれども、個人のもののを正しく出そうと思ったら、そっくりそのままでないと、出しようがないと思います。一人一人みな違うから、不思議だと思います。漱石は何を読んでも漱石の個になる。芥川の書く人間は、やはり芥川の個をはなれていない。それがいわゆる個性というもので、全く似たところがない。そういういろいろな個性に共感がもてるというのは、不思議ですが、そうなっていると思います。個性的なものを出してくればくるほど、共感がもちやすいのです。

小林 それはわかりましたけれども。

岡 数学が抽象的になったということの前に、世界の知力が低下してきていると感じていることがあるのです。個性というものはあまり出なくなりました。ポアンカレの言ったようなやり方で数学上の発見をしていましたら、当然個性が出るのですが、今は千篇一律になってきておりますね。

小林 それは前の人がやってきたこととまるで違った発想から、新しく別に始めるのですか。

岡 いや、前の人がやってきているから、そのときの問題点は動かせないのです。ただその問題をいかに処理するかということから、処理のしかたがそれぞれ変るのです。

小林　そうですか。解き方が違う。

岡　問題自体は、自然に出来あがってきている。これは動かせない。正しい数学史というものができていって、そのときどきの問題の中心がきまっていくということは、普遍的なことです。

小林　ばらばらでなく、考えが深まって、問題が次第にむずかしくなって、しかも積みかさなっていくわけですね。

岡　そういうわけです。そこが学問と芸術の違うところでしょう。しかし、数学史はこういうものだと各人が見ている、その数学史というものも、数学者の数と数学史の数は同じだけあるというように、一人一人別々に見ていましょう。しかし話しあうことはできるのです。

小林　数学のいろいろな式の世界や数の世界を、言葉に直すことはどうしてできないのでしょう。岡さんのいま研究していらっしゃる数の世界を、たとえばぼくらみたいに言葉しか使えない男に、どういう意味の世界かということはなぜ言えないのですか。

岡　いや、それは出来うるかぎり言葉で言っているのですが、一つの言葉を理解するためには、前の言葉を理解しなければならない。そのためには、またその前の言葉を理解しなければならないというふうに、どうしても遡《さかのぼ》らないと説明できないから、いま聞いて、いますぐわかるような言葉では言えないのですね。*畢竟《ひっきょう》、ほとんど言葉で言っているのです。研究している途中のものは、言葉で言えませんが、出来あがってしまえば、言葉で言えるのです。だから、出来るだけ言葉で言いあらわして発表している。ただ、その使っている言葉はすぐに理解することができない。大学院の*マスター・コースまでの知識がないと、新しい論文は読めないというのが現状です。現代数学の言葉を理解するには時間がかかるということです。言葉がばらばらにあるのではなく、それぞれ一つの体系になっておりますから、体系を理解しなければ、手間がかかって仕方がない。その体系を教えていくのに時間がかかる。

小林　それはわかります。

岡　これがもっとふえたらどうするかということになりますが、欧米人がはじめたいまの文化は、積木でいえば、一人が積木を置くと、次の人が置く、またもう一人も置くというように、どんどん積んでいきますね。そしてもう一つ載せたら危いというところにきても、倒れないようにどうにか載せます。そこで相手の人も、やむをえずまた載せて、ついにばらばらと全体がくずれてしまう。いまの文化はそういう積木細工の限度まで来ているという感じがいたします。これ以上積んだら駄目だといったって、やめないでしょうし、自分の思うとおりどんどんやっていって、最後にどうしようもなくなって、朝鮮へ出兵して、案の定やりそこなった*秀吉と似ているのじゃないですか。いまの人類の文化は、そこまできているのではないかと思います。ともかく大学院のマスター・コースまですませなければ、一九三〇年以後の、最近三十年間の論文は読ませることができない。言葉の意味をわからせるために、次々と体系を教えこむと、それくらいかかる。もうこれ以上ふえたら、しようのないことになりますね。決していいことだとは思いませんが、欧米の文明というものは、そういうものだと思います。

小林 つまり数学はどういうふうになっているのですか。

岡 だから、すぐれた人が数学を知りたいとおっしゃっても、そのもとめに応じられぬ。

小林 数学の世界も、やはり積木細工みたいになっているのですか。

岡　なっているのですね。いま私が書いているような論文の、その言葉を理解しようと思えば、始めからずっと体系をやっていかなければならぬ。

小林　がちゃんとこわれるようになるのですか。

岡　こわれませんけれども、これ以上ふえたら、言葉を理解するだけで学校の年限が延びますから、実際問題としてやれなくなるでしょう。もういまが限度だと思います。すでに多少おそすぎる。大学まで十六年、さらにマスター・コース二年、十八年準備しなければわからぬ言葉を使って自分を表現しているといったやり方をこれ以上続けていくということは、それがよくなっていく道ではない。もういっぺん考えなおさなければいかぬと思います。

小林　それが数学は抽象的になったということですね。そういう抽象的な数学というものは、やはり積木細工のようなものですか。

岡　いろいろな概念を組合わせて次の概念をつくる。そこから更に新しい概念をつくるというやり方が、幾重にも複雑になされている。その概念を素朴な観念に戻しても、何に相当するのか、ちょっとわかりません。

小林　つまり、あなたならあなたの嫌いな数学というものがあるでしょう。その嫌いなものは嫌いなものとして育つのですか。ただの好き嫌いで、あなたはこういう数学はやるけれども、嫌いなほうの人は、また自分の数学をやっているわけでしょう。

岡　そうですね。

小林　それは伸びる見込みがあるのか。それは間違った道を行っているのですか。それはそれとして正しいものなんですか。

岡　いや、私はそうは思いません。けれども、自分の好きなものだけが正しいのだと言う勇気はありませんね。そんなことをいったら、身勝手でしょうね。しかし嫌いなもののうちに、それを数学にとり入れたら、数学の将来のためによくないと言いきれるものはあるでしょうね。そういうものだけで現在の私の好き嫌いができているとは思いません。私自身の好き嫌いと、いけないから嫌いだというものと、両方あると思います。私はやはり好きなことをやっておればできるという土地を選んできておりますから、嫌いなことはあまりしなくてもいいのです。それはよほどの選択の結果によるもので、どこをやってもそうなるものだとも思っていません。しかし、これはいけない、とり入れてはならないからやらなかったということは多いでしょうね。勇気を出して言うなら、私の嫌いなものをとり入れたら、数学はとてもうまくいかないだろうということは言えると思います。世界の知力が低下すると暗黒時代になる。暗黒時代になると、物のほんとうのよさがわからなくなる。真善美を問題にしようとしてもできないから、すぐ実社会と結びつけて考える。それしかできないから、それをするようになる。それが功利主義だと思います。西洋の歴史だって、ローマ時代は明らかに暗黒時代であって、あのときの思想は功利主義だったと思います。人は政治を重んじ、軍事を重んじ、土木工事を求める。そういうものしか認めない。現在もそういう時代になってきています。ローマの暗黒時代そっくりそのままになってきていると思います。これは知力が下がったためで、ローマの暗黒時代は二千年続くのですが、こんどもほうっておくと、すでに水爆*なんかできていますから、この調子で二千年続くとはとうてい考えられない。徳川時代はずいぶん長いと思うけれども三百年です。このままだとすると、人類が滅亡せずに続くことができるのは、長くて二百年くらいじゃないかと思っているのです。世界の知力はどんどん低下している。それは音楽とか絵画とか小説とか、そんなところにいちばん敏感にあらわれているのじゃなかろうかと思うのです。音楽だって絵画だって、美がわからなくなっている。いまの音楽なんて、あれは肉体の本能の満足というようなものになってきていないか、南洋かどこか知りませんが、土人の踊りからとり入れたようなものです。

科学的知性の限界

小林 私がいまうかがったことは、私なんか多少批評みたいなものを書いておりますと、言葉というものにつきあたるのです。ぼくは文学だけではなく、音楽も絵も好きです。音楽は音の世界をもっておりますね。その音の世界は、私は音楽家ではないから切実な経験がないわけでしょう。私は音楽について書くときには、それを言葉にしましょう。バッハ*の世界はこうであろうとか、言葉でそれをあらわしますね。最後には言葉にするわけです。

岡 言葉に直すのに、いかに苦心を払っていられるかということがわかります。小林さんの底にある、その苦心を払わせるものを私は情熱といっているのです。

小林 あなたもそうでしょう。絵から無明という言葉を思いつかれるでしょう。それは一つの批評ですわな。それがすぐわかるということは、言葉になってくるということですね。そうすると、数学の世界は、私には経験がないが、岡さん自身は文章を書いていらっしゃるでしょう。数学を研究なさりながら、一方で文章を書いていらっしゃる。

岡　文章を書くことなしには、思索を進めることはできません。書くから自分にもわかる。自分にさえわかればよいということで書きますが、やはり文章を書いているわけです。言葉で言いあらわすことなしには、人は長く思索できないのではないかと思います。

小林　私がおうかがいしたいのは、そういう数をもととした科学の世界、そういう方程式の世界を、たとえばアインシュタイン*の考えていた世界はこういうものであると、言葉にすることはできないのかということです。

岡　なかなかできないでしょうね。できれば、だれかやっているでしょうね。

小林　それは数学の場合なら正確にあらわされるわけでしょう。この世界はこれこれこうだ、こうなって、答えはこう出るというふうに。そうしますと、たとえばベ*ルグソンがアインシュタインと衝突したことがあるのですが……。

岡　ベルグソンとアインシュタインが衝突したのですか。それはおもしろい。知りませんでした。どういうふうに。

小林　その衝突には興味をもちました。ベルグソンに「持続と同時性」*というアインシュタイン論があるのです。アインシュタインの学説というものは、そのころフランスでも、もちろん専門的な学者だけが関心をもっていたもので、ああいう物理学的な世界のイメージがどういう意味をもつかということは、だれも考えてはいなかった。はじめてベルグソンがそれに、はっきりと目をつけたわけです。

岡　おもしろいですね。

小林　それで批評したのですが、誤解したのですね。物理学者としてのアインシュタインの表現を誤解した。そこでこんどは逆に科学者から反対がおこりまして、ベルグソンさん、ここは違うじゃないかといわれた。ベルグソンはその本を死ぬときに絶版*にしたのです。

岡　惜しいですね。それは本質的に関係がないことではないかと思いますね。

小林　ないのです。というのは、私の素人《しろうと》考えを申しますと、ベルグソンという人は、時間というものを一生懸命考えた思想家なんですよ。けっきょくベルグソンの考えていた時間は、ぼくたちが生きる時間なんです。自分が生きてわかる時間なんです。そういうものがほんとうの時間だとあの人は考えていたわけです。

岡　当然そうですね。そうあるべきです。

小林　アインシュタインは*四次元の世界で考えていますから、時間の観念が違うでしょう。根本はその食い違いです。

岡　*ニュートン以後、物理学でいっている時間というものは、人がそれあるがゆえに生きている時間というものと違います。それは明らかに別ですね。

小林　そこが衝突の原因なんです。

岡　そうですか。そんなところで衝突したって、絶版にする必要がないのに。

小林　だから、おれとおまえとは全然ちがうのだ、といってしまえばよかったのです。

岡　違った言葉でも、話していけば、わかるところがあると思いますがね。ニュートンの時間がすでにわからないのです。物理学として説明がつくということはわかりますけれど、ああいう時間は、素朴な心のなかにはないわけです。アインシュタインはそれを少しもじったともいえますし、そのままだといえるかもしれません。

小林　ニュートンにおける時間とか空間とかいう考えは、未《ま》だぼくらの常識として、普通の言葉で言ってわかるのです。日常経験の抽象化としての時空の観念だからでしょう。ところがアインシュタインまでになると、言葉にならなくなる。近ごろの*波動力学までくると、もっと言葉にならない。たとえば言語学者のいう自然言語とか常識の言葉では、もう翻訳できなくなった。そうすると、そういう翻訳のできなくなったところに、科学が進歩してきたということは、どういうことなんですか。

岡　われわれの自然科学ですが、人は、素朴な心に自然はほんとうにあると思っていますが、ほんとうに自然があるかどうかはわからない。自然があるということを証明するのは、現在理性の世界といわれている*範疇《はんちゅう》ではできないのです。自然があるということだけでなく、数というものがあるということを、知性の世界だけでは証明できないのです。数学は知性の世界だけに存在しうると考えてきたのですが、そうでないということが、ごく近ごろわかったのですけれども、そういう意味にみながとっているかどうか。数学は知性の世界だけに存在しえないということが、四千年以上も数学をしてきて、人ははじめてわかったのです。数学は知性の世界だけに存在しうるものではない、何を入れなければ成り立たぬかというと、感情を入れなければ成り立たぬ。ところが感情を入れたら、学問の独立はありえませんから、少くとも数学だけは成立するといえたらと思いますが、それも言えないのです。

最近、感情的にはどうしても矛盾するとしか思えない二つの命題をともに仮定しても、それが矛盾しないという証明が出たのです。だからそういう実例をもったわけなんですね。それはどういうことかというと、数学の体系に矛盾がないというためには、まず知的に矛盾がないということを証明し、しかしそれだけでは足りない、銘々の数学者がみなその結果に満足できるという感情的な同意を表示しなければ、数学だとはいえないということがはじめてわかったのです。じっさい考えてみれば、矛盾がないというのは感情の満足ですね。人には知情意と感覚がありますけれども、感覚はしばらく省いておいて、心が納得するためには、情が承知しなければなりませんね。だから、その意味で、知とか意とかがどう主張したって、その主張に折れたって、情が同調しなかったら、人はほんとうにそうだとは思えませんね。そういう意味で私は情が中心だといったのです。そのことは、数学のような知性の最も端的なものについてだっていえることで、矛盾がないというのは、矛盾がないと感ずることですね。感情なのです。そしてその感情に満足をあたえるためには、知性がどんなにこの二つの仮定には矛盾がないのだと説いて聞かしたって無力なんです。矛盾がないかもしれないけれども、そんな数学は、自分はやる気になれないとしか思わない。そういうことは、はじめからわかっているはずのことなんですが、その実例が出てはじめて、わかった。矛盾がないということを説得するためには、感情が納得してくれなければだめなんで、知性が説得しても無力なんです。ところがいまの数学でできることは知性を説得することだけなんです。説得しましても、その数学が成立するためには、感情の満足がそれと別個にいるのです。人というものはまったくわからぬ存在だと思いますが、ともかく知性や意志は、感情を説得する力がない。ところが、人間というものは感情が納得しなければ、ほんとうには納得しないという存在らしいのです。

小林　近ごろの数学はそこまできたのですか。

岡　ええ。ここでほんとうに腕を組んで、数学とは何か、そしていかにあるべきか、つまり数学の意義、あるいは数学を研究することの意味について、もう一度考えなおさなければならぬわけです。そこまできているのです。みながそう感じているかどうか知りませんが、私はそう考えます。そういう注目すべき論文がとうとう出てきたんですね。

小林　それはどこで出たのですか。

岡　アメリカです。アメリカとかソヴェットは、度はずれた無茶を思い切ってやる。ふつうそんな二つの命題が矛盾しないということを証明してみようなどとは思いもしない。しかし感情的にはどうしても矛盾するとしか思えない二つの命題が、数学的に無矛盾であるということが証明できて、そういう*エキザンプルができたのです。そういうエキザンプルが一つあれば、なるほど、知性には感情を説得する力がないということがわかります。はじめからわかっていることなんですが。

小林　もう少しお話し願えませんか。

岡　言葉の意味はおわかりにならぬでしょうが、一つ一つの意味はおわかりにならなくても、全体としておわかりになると思います。*集合論で、無限にいろいろな強さ、*メヒティヒカイトというものを考えているのですね。その一番弱いメヒティヒカイトを*アレフニュルというのです。その次にじっさい知られているメヒティヒカイトは*コンティニュイティ、*連続体のアレフといわれているものです。このアレフニュルとアレフとの中間のメヒティヒカイトの集合が存在するかというのが、長い間の問題だったのです。そこでアメリカのマッハボーイ*は、こういうことをやったのです。一方でアレフニュルとアレフとの中間のメヒティヒカイトは存在しないと仮定したのです。他方でアレフニュルとアレフとの間のメヒティヒカイトは存在すると仮定したのです。この二つの命題を仮定したわけです。どうしたって、これは矛盾するとしか思えません。それは言葉からくる感情です。ところがその二つの仮定が無矛盾であるということを証明したのです。それは数学基礎論といって、非常に専門的技巧を要するのですが、その仮定を少しずつ変えていったのです。そうしたら一方が他方になってしまった。それは知的には矛盾しない。だが、いくら矛盾しないと聞かされても、矛盾するとしか思えない。だから、各数学者の感情の満足ということなしには、数学は存在しえない。知性のなかだけで厳然として存在する数学は、考えることはできるかもしれませんが、やる気になれない。こんな二つの仮定をともに許した数学は、普通人にはやる気がしない。だから感情ぬきでは、学問といえども成立しえない。

小林　あなたのおっしゃる感情という言葉ですが……。

岡　感情とは何かといったら、わかりにくいですけれども、いまのが感情だといったらおわかりになるでしょう。

小林　そうすると、いまあなたの言っていらっしゃる感情という言葉は、普通いう感情とは違いますね。

岡　だいぶん広いです。心というようなものです。知でなく意ではない。

小林　ぼくらがもっている心はそれなんですよ。私のもっている心は、あなたのおっしゃる感情なんです。だから、いつでも常識は、感情をもととして働いていくわけです。

岡　その感情の満足、不満足を直観といっているのでしょう。それなしには情熱はもてないでしょう。人というのはそういう構造をもっている。

小林　そうすると、つまり心というものは私らがこうやってしゃべっている言葉のもとですな。そこから言葉というものはできてきたわけです。

岡　ですから数学をどうするかなどと考えることよりも、人の本質はどういうものであって、だから人の文化は当然どういうものであるべきかということを、もう一度考えなおしたほうがよさそうに思うのです。

小林　すると、わかりました。

岡　具体的に言うと、おわかりになる。

小林　わかりました。そうすると、岡さんの数学の世界というものは、感情が土台の数学ですね。

岡　そうなんです。

小林　そこから逸脱したという意味で抽象的とおっしゃったのですね。

岡　そうなんです。

小林　わかりました。

岡　裏打ちのないのを抽象的。しばらくはできても、足が大地をはなれて飛び上がっているようなもので、第二歩を出すことができない、そういうのを抽象的といったのです。

小林　それでわかりました。

人間と人生への無知

岡　そこをあからさまに言うためには、どうしても世界の知力が下がってきていることを書かなければなりません。さしさわりのあることですが。数学の論文を読みましても、あるいは音楽を聞き、ごくまれに小説を読みましても、下がっているとしか思えない。それにいろいろな社会現象にしても、だんだん明らかな矛盾に気づかなくなって議論している。

小林 間違いがわからないのです。

岡 情緒というものは、人本然のもので、それに従っていれば、自分で人類を滅ぼしてしまうような間違いは起さないのです。現在の状態では、それをやりかねないと思うのです。

小林 ベルグソンの、時間についての考えの根柢《こんてい》はあなたのおっしゃる感情にあるのです。

岡 私もそう思います。時間というものは、強いてそれが何であるかといえば、情緒の一種だというのが一番近いと思います。

小林 そういうふうにベルグソンは考えているわけですね。それで、どうしてアインシュタインと衝突したかというと、これは、私に理解できた限りを申しあげるので、間違っているかも知れませんが、ベルグソンという人は、もともと哲学畑の人ではないのです。数学から心理学、生理学と進んだ人で、科学の仕事を非常に尊重していた人です。*形而上学《けいじじょうがく》と科学との関係という問題は、彼の念頭を去ったことはないのです。アインシュタインの世界観という問題に先《ま》ずたいへん鋭敏に反応したということは当然のことと思えるのです。ベルグソンは、アインシュタインの*一般相対性原理を十分に認めている。彼の天才の十分な表現だと言っている。しかしベルグソンの論じているのは、もっぱら*特殊相対性原理なのです。というのは、ベルグソンの考えによれば、アインシュタインは、その発想において、たしかに現実の具体的な運動あるいは時間と新しい方法で格闘している。このベルグソンの直観は、私は正しく立派なものと思っています。しかし、アインシュタインにしてみれば、客観的時間の完全な計量性というものだけが問題なのですからね。言ってみれば、ベルグソンは、強引にアインシュタインを自分の世界に引込もうとしたのです。それで第四次元としての時間というフィクションを学説の上で作ってしまったと主張するのです。

岡　それは学説として存在するだけというほかはありませんね。

小林　それでは岡さんのおっしゃる感情をもととして、科学なり数学なりを進めていく道というのはあるのですか。

岡　感情をもととして、ベドイトゥング*（意義）を考えて、その指示するとおりにするのでなければ、正しい学問の方法とは言えないと思っています。

小林　数学でもそうですな。

岡　はい。人類が幸いに自分を滅ぼさずにすむなら、最初にそれは考えるべきことだと思います。本然の感情の同感なしには数学でさえ存在し得ない。自然科学者、ことに物理学者あたりが、ベルグソンの非難したとおり知性だけで存在を主張しようとしてもできない相談なのです。そこにやっと気づいたのですから。

小林　たとえば物質を次第にこまかく調べていっても、ある方程式は満足させるような結果は出るが、感情はそれをうんといいませんね。

岡　携わっている学者たちの感情がそれに同感する必要があるということを自覚すると、すべてがよくなると思います。科学が進歩するほど人類の存在が危うくなるという結果が出ることだって、ベドイトゥングについて考え足りないのです。芸術にしても現在のようでは、たとえばモデルを女性として尊重しないような絵かきが多い。そういう人の絵は人類にとってプラスとは考えられない。随所に間違いがあらわれている。すべてのことが人本然の情緒というものの同感なしには存在し得ないということを認めなくてはなりません。女性のモデルを女性としてよりも妙に取り扱う、けもの的に取り扱う。そういう状態でよい絵がかけたら、絵について考え直さなければいけないが、幸いよい絵はかけていない。そのことに気づかないということはいけない状態です。欧米人には小我をもって自己と考える欠点があり、それが指導層を貫いているようです。いまの人類文化というものは、一口に言えば、内容は生存競争だと思います。生存競争が内容である間は、人類時代とはいえない、獣類時代である。しかも獣類時代のうちで最も生存競争の熾烈《しれつ》な時代だと思います。ここでみずからを滅ぼさずにすんだら、人類時代の第一ページが始まると思います。たいていは滅んでしまうと思うのですけれども、もしできるならば、人間とはどういうものか、したがって文化とはどういうものであるべきかということから、もう一度考え直すのがよいだろう、そう思っています。それはおもしろく楽しいことだと思うのです。「考えるヒント」*というのはそのひとつだと思います。人はそういうことを考えると、ほのぼのとおもしろくなるはずです。人に勝つためにやるというような考えは押えないと、そのおもしろさは出てこないですね。

私、自然科学はろくなことをしていないと思いますが、そのなかでごくわずかですが、人類の福祉に貢献したということのうちで、*進化論、つまり人は単細胞から二十億年かかってここまで進化してきたのだということを教えているということは、その一つに数えられます。たいへん意義あることだと思うのです。このごろの人のやり方を見ておりますと、そういう崇高な人類史にたいする謙虚な心がありません。*コッホがコレラの原虫を発見した。これはすがすがしい科学の夜明けでしたが、それから*第一次世界大戦で人類始まって以来の世界的規模の戦争を始めるまで、破壊力が科学によって用意されるまでに、たった三十年しかかかっていないのです。それから長いようでもまだ五十年しかたっていない。アインシュタインが相対性理論を出しましてから、それが理論物理の始まりですが、*原子爆弾が実際に広島に落ちるまで二十五年しかかかっていない。すべて悪いことができあがるのがあまりに早すぎる。人類は単細胞から始まって、いまの辺りまできては自分で自分を滅ぼしてしまう。また新しく始めてはいつの日か自分で自分を滅ぼしてしまう。そういうことを繰り返し繰り返しやっているのじゃなかろうか。自然を見てみますと、草は種からはえては大きくなって、花が咲いて実ができたら枯れてしまう。またその実から芽を出して、繰り返し繰り返し繰り返しやっておりますが、これはまったく同じことを繰り返しているのではなくて、こうしているうちに少しずつ、なぜか知りませんが、進化している。この草の一年に相当するのが人の二十億年で、これを繰り返してやっておれば、しまいにはこの線が越えられるかも知れない。木馬*にたとえますと、飛びそこなってはまた助走をつけて走りなおし、また失敗してはやりなおしているうちに、だんだん上手になって、とうとう木馬が飛び越えられるというふうになる。

たとえば数学で、数学といえども感情の同調なしには成立し得ないということが初めてわかった。これはだいぶわかったほうで、そういう花が咲いたのだから、枯れて滅びる。また新しい種から始めればよいのです。人はずいぶんいろいろなことを知っているようにみえますが、いまの人間には、たいていのことは肯定する力も否定する力もないのです。一番知りたいことを、人は何も知らないのです。自分とは何かという問題が、決してわかっていません。時間とは何かという問題も、これまた決してわからない。時間というものを見ますと、ニュートンが物理でその必要があって、時間というものは、方向をもった直線の上の点のようなもので、その一点が現在で、それより右が未来、それより左が過去だと、そんなふうにきめたら説明しやすいといったのですが、それでいままでは時間とはそんなものだとみな思っておりますが、素朴な心に返って、時とはどういうものかと見てみますと、時には未来というものがある。その未来には、希望をもつこともできる。しかし不安も感じざるを得ない。まことに不思議なものである。そういう未来が、これも不思議ですが、突如として現在に変る。現在に変り、さらに記憶に変って過去になる。その記憶もだんだん遠ざかっていく。これが時ですね。時あるがゆえに生きているというだけでなく、時というものがあるから、生きるという言葉の内容を説明することができるのですが、時というものがなかったら、生きるとはどういうことか、説明できません。そういう不思議なものが時ですね。時というものがなぜあるのか、どこからくるのか、ということは、まことに不思議ですが、強いて分類すれば、時間は情緒に近いのです。

小林 *アウグスチヌスが「*コンフェッション」(懺悔《ざんげ》録)のなかで、時というものを説明しろといったらおれは知らないと言う、説明しなくてもいいというなら、おれは知っていると言うと書いていますね。

岡 そうですか。かなり深く自分というものを掘り下げておりますね。時というものは、生きるという言葉の内容のほとんど全部を説明しているのですね。

小林　時というものをよく考えています。

岡　中世には注目すべき思想がいろいろありますね。キリスト教が、人の子は罪の子だと教えたのも中世だが、近ごろは人は理性によって判断して、よいことをすればよいのだというようなことを言い出した。中世は自我を自分としか思えなければ、それは罪の子以上にはなれないと教えた。あのころは割合に叡智《えいち》のひらめいている人があるようですね。デカルト*の「考えるゆえに我あり」というのも、ほんとうに自分が不思議な存在だと感じたのだろうと思います。

小林　私の読んだ限り、それはそう思われます。大幾何学者というものはそういうことになるのですね。デカルトは神様を信じておりました。しかもそれは、哲学史家がばかばかしいと思うほど平俗な形式の信仰を通じて信じていたのです。そんなことはないなんて言われていますが、私はそう思っています。

岡　その実感を忘れて、現在ではただその言葉だけをいっている。

破壊だけの自然科学

小林　たとえばアインシュタインが物理学者としてある発見をする、発見はしたが順序立てて表現できていないものを数学者が表現してやるということが数学にはあるのですか。

岡　アインシュタインのしたことについて一番問題になりますのは、それまで直線的に無限大の速さで進む光というものがあると物理で思っていたのを、否定*したのです。それを否定して、しかしいろいろな物理的な公理*をそのまま残したのですね。ところが光というものがあると考えていたアインシュタイン以前では、そういう公理体系は近似的に実験し得るものだったのです。だから物理的公理体系だったのです。ところがアインシュタインは、在来の光というものを否定した。そうすると、仮定している物理の公理体系が残っても、実験的にはたしかめることのできないものに変ってしまったのです。物理的公理体系ではなくなったのです。これはなんと言いますか、観念的公理体系、哲学的公理体系というようなものに変ってしまいます。そういう公理体系の上に物理学を組み上げたことになったのですね。現在はその状態なんです。だから数学者はそれを問題にしているのですが、現在の公理体系を再び物理学的公理体系たらしめるにはどうすればよいか、そういうことが可能かという問題があるのです。ところが、それはできそうにもない。だから若い無茶の好きな数学者は、そういう準備もしておりますし、ことによるとそれは可能かもしれませんが、たいていの人はやろうともしていない。現在の物理学は数学者が数学的に批判すれば、物理学ではない。なんと言いますか、哲学の一種ですか。そんなふうな状態だから、それ以上立ち入って理論物理のことをやろうとしている数学者はあまりいないでしょう。早晩なんとかしなければならぬとは思うのです。しかし公理体系の上にいろいろなものを積み上げて、物理学という知的体系の無矛盾が知的に証明できただけではだめだということが、数学の例でわかっていますが、その知的に無矛盾というものを証明することが、すでに到底できそうもないこととして写っているのです。それはアインシュタインが光の存在を否定しましたから。それにもかかわらず直線というふうなものがあると仮定していろいろやってますね。物理の根柢に光があるなら、ユークリッド*幾何に似たようなものを考えて、近似的に実験できますから、物理的公理体系ですが、光というものがないとしますと、これは超越的な公理体系、実験することのできない公理体系ですね。それが基礎になっていたら、物理学が知的に独立しているとは言えません。そこに物理学の一番大きな問題があると私は思います。たいていの数学者もそう見ているだろうと思います。まだ数学者と物理学者はお互に話し合ってはいませんが。

何しろいまの理論物理学のようなものが実在するということを信じさせる最大のものは、原子爆弾とか水素爆弾をつくれたということでしょうが、あれは破壊なんです。ところが、破壊というものは、いろいろな仮説それ自体がまったく正しくなくても、それに頼ってやったほうが幾分利益があればできるものです。もし建設が一つでもできるというなら認めてよいのですが、建設は何もしていない。しているのは破壊と機械的操作だけなんです。だから、いま考えられているような理論物理があると仮定させるものは破壊であって建設じゃない。破壊だったら、相似的な学説がなにかあればできるのです。建設をやって見せてもらわなければ、論より証拠とは言えないのです。だいたい自然科学でいまできることと言ったら、一口に言えば破壊だけでして、科学が人類の福祉に役立つとよく言いますが、その最も大きな例は、進化論は別にして、たとえば人類の生命を細菌から守るというようなことでしょう。しかしそれも実際には破壊によってその病源菌を死滅させるのであって、建設しているのではない。私が子供のとき、葉緑素はまだつくれないと習ったのですが、多分いまでも葉緑素はつくれない、葉緑素がつくれなければ有機化合物は全然つくれないのです。一番簡単な有機化合物でさえつくれないようでは、建設ができるとは言えない。

いまの機械文明を見てみますと、機械的操作もありますが、それよりいろいろな動力によってすべてが動いている。石炭、石油。これはみなかつて植物が葉緑素によってつくったものですね。それを掘り出して使っている。*ウラン鉱は少し違いますけれども、原子力発電などといっても、ウラン鉱がなくなればできない。そしてウラン鉱は、このまま掘り進んだら、すぐになくなってしまいそうなものですね。そういうことで機械文明を支えているのですが、やがて水力電気だけになると、どうしますかな。自動車や汽船を動かすのもむつかしくなります。つまりいまの科学文明などというものは、殆《ほとん》どみな借り物なのですね。自分でつくれるなどというものではない。だから学説がまちがっていても、多少そういうまじないを唱えることに意味があればできるのです。建設は何もできません。いかに自然科学だって、少しは建設もやってみようとしなければいけませんでしょう。やってみてできないということがわかれば、自然を見る目も変るでしょう。

こういうことはニュートン力学あたりに始まるのですが、ニュートンは、地球からいうなら太陽の運動、その次は月の運動、それくらいを説明しようとして、ああいうニュートン力学を考え出し、そこで時間というものをつくって入れたのです。ああいう時間というものだって、実在するかどうかわからないが、ともかく天体を見てああいうことを考えているうちに、地上で電車が走るようになったというふうで、おもしろい気がします。しかしその使い方は破壊だけとはいえなくても、少くとも建設ではない。機械的操作なのです。

しかし、人は自然を科学するやり方を覚えたのだから、その方法によって初めに人の心というものをもっと科学しなければいけなかった。それはおもしろいことだろうと思います。人類がこのまま滅びないですんだら、ずいぶん弊害が出ましたが、自然科学によって観察し推理するということは、少し知りましたね。それを人の心に使って、そこから始めるべきで、自然に対してももっと建設のほうに目を向けるべきだと思います。幸い滅びずにすんだらのことですが、滅びたら、また二十億年繰り返してからそれをやればよいでしょう。現在の人類進化の状態では、ここで滅びずに、この線を越えよと注文するのは無理ではないかと思いますが。しかし自然の進化を見てみますと、やり損いやり損っているうちに、何か能力が得られて、そこを越えるというやり方です。まだ何度も何度もやり損わないとこれが越えられないのなら、そうするのもよいだろうと思います。しかしもしそんなふうなものだとすると、人が進化論だなどといって考えているものは、ほんの小さなもので、大自然は、もう一まわりスケールが大きいものかもしれませんね。私のそういう空想を打消す力はいまの世界では見当りません。ともかく人類時代というものが始まれば、そのときは腰をすえて、人間とはなにか、自分とはなにか、人の心の一番根柢《こんてい》はこれである、だからというところから考え直していくことです。そしてそれはおもしろいことだろうなと思います。

小林　数学者はいまの物理学をそういう態度で考えているのですか。

岡　大きな問題が決して見えないというのが人類の現状です。物理でいえば、物理学的公理が哲学的公理に変ったことにも気づかない。

アインシュタインという人間

小林　しかしアインシュタインの伝記などを読んでみると、あの人も、ずいぶんつらい人だったように思いますね。

岡　人類の大先達として見ましたら、アインシュタインだってやはり井の中の蛙《かわず》じゃないかと思います。

小林　アインシュタインさんはそういうことをよく知ってますね。

岡　知ってますか。

小林　それは知ってます。こういう言葉がありますよ。私が世の中で一番わからないことは、世の中がわかることである。

岡　これほど何も知らないのに、世の中の一人として暮していけるということは、不思議と言えば不思議ですね。

小林　その意味はね、ぼくはこうだと思うのです。あの人は世界を科学的に見て、欠陥のない一つの幾何学的像を書いたわけですね。これはわかるということです。

どうしてこうわかるのだろうということが、彼には一番わからぬことだという意味ですよ。

それから波動力学が盛んになったとき、おれはオーストラリヤの駝鳥《だちょう》みたいなものだ。おれは「*量子《カンタ》」なんか見たくない、と*ルラティヴィストの砂の中に首を突っ込んでいる、そして隠れたと思っている駝鳥だといっております。これは*ド・ブロイに宛《あ》てた手紙にあります。あの人はたいへん古典的な考えの人ですね。そういう手紙を読んでいますと、ベルグソンの議論に対して、どうしてああ冷淡だったか、おれには哲学者の時間はわからぬと、彼がこたえているのはそれだけですよ。論戦はないのです。あとの論戦は、みんな弟子どもがやったものです。二人は黙っていた。一人は絶版にしてしまうし、一人は哲学者の時間なんていうものは知らぬと言っただけのことです。

岡　哲学者の時間は知らないでいいが、素朴な人としての時間は知らなければいけませんね。

小林　もしも知らなければ、どうしてそういうことを手紙に書きますか、わかるということが不思議だというふうなことを。それは哲学者ではないですか。

岡　そうそう。

小林　そこまでわかっているアインシュタインが、なぜベルグソンにああいう態度をとったか。

岡　やはり自我を自分と思っている欧米人の間違った社会的習慣を破ることができなかったと思いますね。

小林　何が原因かわかりません。偉い人の行き違いというものはあるものなのですね。もう一つ質問しますが、アインシュタインがボルン*に宛てた手紙でこういうことをいっている。波動力学が流行したときに、おれはいやだ、いやだけれども、おれにはこれに対抗する理論は一つもない、あるのはおれの指だけだ、皮膚の中に深く食い込んでいる意見を証言している弱い指しかない、対抗するのに理論は一つもないということをいってます。そういうことをいっているアインシュタインは、これはもう感情の人ですね。

岡　よくわかっているのですね。その言葉はおもしろい。

小林　それを読んだとき、これならベルグソンが文句をつけたときに、なぜああすげなかったかというふうに私は考えたのです。私は専門の世界を知りませんが、ただアインシュタインがそう言いたい感情は、よくわかるわけです。たとえば*ハイゼンベルグの原理にしても、あれは明らかに矛盾です。しかし方程式の上では一つも間違いはないでしょう。矛盾はないでしょう。それが感情的には矛盾します。それがアインシュタインにはたまらなかったにちがいない。それに反《はん》駁《ばく》する理論がないのですよ、だから指といったのでしょう。*フェーブルな指一本だということをいっているのは、たいへんおもしろかった。そういうこととして、数学の専門家である岡さんは、いまの物理学者、理論物理学者のこしらえている*ラショナリティは、どうしても感情に反するのだという態度でいらっしゃるのですね。

岡　ええ。

小林　そうですか。ぼくは数学というものでそういうことがさっぱりわからなかったのですが、それでよくわかりました。

岡　アインシュタインのいうとおり、刃向かおうとしても、指しかないから黙っている。

小林　指を守るか、指を捨てて新しいことを発明するか、ということになっておるわけですね。

岡　そうです。

小林　発明はいまできないのですね。

岡　ええ。そういう状態のまま捨てておいて、公理的なことだけを考え、進んでいるのが現状です。人と人とがほんとうに話し合うということは存外できないのですね。

小林　ベルグソンは本は絶版にしましたが、妥協してはいないのです。晩年の本で、*要約をまたそこへ出して、主張は、*モチーフの上で間違っていないということを書いているわけです。妥協はない。これは不思議な劇的な世界です。

岡　さすがに小林さんは理論物理学も相当に御研究なさっている。

小林　とんでもないことです。私は若いころにそういうことを考えたことがあるのです。*アインシュタインが日本に来たことがありますね。あのころたいへんはやったわけです。そのとき*一高におりましたが、土井さんという物理の先生が「絶対的世界観について」という試験問題を出したのです。無茶ですよ。ぼくは何もわからないから白紙で出しましたが、それほどはやったわけです。

それから暫《しばら》くたって、ぼくは感じたのです。*新式の唯物論《ゆいぶつろん》哲学などというものは寝言かも知れないが、科学の世界では、なんとも言いようのないような物質理論上の変化が起っているらしい。そちらのほうは本物らしい、と感じて、それから少し勉強しようと思ったのです。そのころ通俗解説書というものがむやみと出ましたでしょう。

岡　驚くほど出ましたね。

小林　そういうものを読んだのですが、ちっともわかりゃしないのです。

岡　ああいう時期にあんなものがたくさん出るという意味では、文化を尊重していないとは言えませんね。

小林　日本人はそういう点は敏感です。

岡　詩的な国民ですかな。

小林　それからベルグソンのさっきの問題に興味をもちましてね。これはまた後になってからです。

岡　ベルグソンに特に興味をおもちになったわけですね。

小林　若いころから読んでいますので、自然、読み通したまでです。私は哲学者の全集を読んだのはベルグソンだけです。あとはなんとかかんとか言っておりますが、拾い読みみたいなものです。

岡　ベルグソンの本はお書きになりましたか。

小林　書きましたが、失敗しました。力尽きて、やめてしまった。無学を乗りきることが出来なかったからです。大体の見当はついたのですが、見当がついただけでは物は書けません。そのときに、またいろいろ読んだのです。そのときに気がついたのですが、解説というものはだめですね。私は発明者本人たちの書いた文章ばかり読むことにしました。

岡　どうして解説書という妙なものが書けるか不思議なくらいです。

小林　自分でやった人がやさしく書こうとしたのと、人のことをやさしく書こうとするのとでは、こんなにも違うものかということが私にはわかったのです。

岡　それはいいことがおわかりになりましたね。それはだめにきまっていると思います。

小林　それからまたこういうこともありますね。たとえばアインシュタインの創案した一つのイメージがあるでしょう。それは何も主張しているわけではないのです。正確に書けばこういう図面になると言って彼は出しただけです。このなかに間違いなんかないということで、それを出しましょう。それは全く人生観でも思想でもない。彼は図を書いているのだから。ところが僕らはそれを人生観だと思うのです。

岡　そうでしょうね。そういうことを書いたものが多いですね。

小林　どうも面倒な問題ですね。たとえばエントロピー*という一つの量があるでしょう。ところがこれを、熱現象を理解するための或る物理的量としてはっきり受取ることが、僕らには非常にむつかしい。言葉として受取ってしまうのです。そうするとこの宇宙はだんだん絶滅していくとか、デグレード*していくとか、そういうふうに意味をとるでしょう。ところが熱力学というものはそういうことに全く関係がない。それを宇宙全体、人類の全歴史まで含めたもののなかに拡張するなどという意図はないわけです。物理学者の言う非人間的な量に人間的な意味をつけたがる、これは全く自然なことで、仕方のないことでもあるのですね。

岡　そういうことは、人の一つの本能と言いますか、強力なものなんですね。それで自然科学、自然科学と、日本ではこのごろ特にやかましく言うのですね。なるほどね。

小林　だから私はそこにいまの日本の文化の大きな問題があるのではないかと思います。ということは、科学というものの性質をはっきりのみ込んでいないということとで、これを認識させる教育をしなければいかんのです。科学は何を言い、何を言わないかということ。

岡　釈*尊は諸*法無我と言いました。科学は無我である、我をもっているものではないということを教え込まないといかんわけです。自然科学の弊害は多いですね。

小林　このままでは弊害ばかりですね。

岡　人の知情意し行為することから、そういう本能的な生活感情を抜くというのが科学的なことなのですが、科学することを知らないものに科学の知識を教えると、ひどいことになるのですね。主張のない科学に勝手な主張を入れる。ほんとうにそうです。人には野蛮な一面がまじっているのです。アインシュタイン自身がそれをわかっていたら、ベルグソンと話し合えたと思う。

小林　話し合えればいい。だけど因縁みたいなものがありますね。出会えないですれ違う。

岡　アインシュタインは、人としておもしろいですね。やはり偉かったのでしょうな。そういうことは世の中に伝わっておりませんね。

小林　ぼくは専門の知識はわかりませんから、ああいう人に興味をもつと伝記を読むのです。ニュートンだってわからぬから「ニュートン伝」を読みます。やはり人間は、科学をやろうが、数学をやろうが、伝記というものがありますからね。そっちから人間が出ていますからな。それでいろいろわかるのです。ぼくら言葉のほうの男は、表のほうからはいるわけにいかないから、裏口からはいるのです。

岡　まったく同感です。

小林　アインシュタインは、すでに二十七八のときにああいう発見をして、それからあとはなにもしていないようですが、そういうことがあるのですか。

岡　理論物理学者は、一つの仕事をすると、あとやらないのがむしろ原則ではないでしょうか。幾幕かの理論物理という劇で、個々の理論物理学者は一つのシーンを受持っている。その後はもうやらない。そんな気がします。

小林　ある幕に登場するわけですね。

岡　数学者はそうではない。その人のなかに数学の全体というものをもっている。自分の分野はしまいまでやります。物理学者とは違うのです。

小林　ははあ、それは面白い御意見です。すると、岡さんの若いときに発見なさった理論は、一貫して続いているわけですね。

岡　そうです。フランスへ行きましたのが一九二九年から一九三二年、そのころまでは数学のなかのどの土地を開拓するかということはきまっていなかったのです。フランスに三年おりました間に、その土地をきめた。土地を選んだということは、私に合った数学というものがわかっておったのでしょうね。そこまでいくと、はっきりした形では言えませんが、以後三十年余りその同じ土地の開拓をやっているわけです。

小林　それはどういうことですか。

岡　その当時出てきていた主要な問題をだいたい解決してしまって、次にはどういうことを目標にやっていくかという、いまはその時期にさしかかっている。次の主問題となるものをつくっていこうとしているわけです。

小林　今度は問題を出すほうですね。

岡　出すほうです。立場が変るのです。中心になる問題がまだできていないというむつかしさがあるのです。

小林　ベルグソンは若いころにこういうことを言ってます。問題を出すということが一番大事なことだ。うまく出す。問題をうまく出せば即《すなわ》ちそれが答えだと。この考え方はたいへんおもしろいと思いましたね。いま文化の問題でも、何の問題でもいいが、物を考えている人がうまく問題を出そうとしませんね。答えばかり出そうとあせっている。

岡　問題を出さないで答えだけを出そうというのは不可能ですね。

小林　ほんとうにうまい質問をすればですよ、それが答えだという簡単なことですが。

岡　問題を出すときに、その答えがこうであると直観するところまではできます。できていなければよい問題でないかもしれません。その直観が事実であるという証明が、数学ではいるわけです。それが容易ではない。哲学ではいらないでしょうが。

小林　いらないという意味は、証明が数学的ではないというだけのことです。たとえば、命という大問題を上手に解こうとしてはならない。命のほうから答えてくれるように、命にうまく質問せよという意味なのです。

岡　そういう意味にとれば、ベルグソンの言うとおりです。それは正しい文化、人類の文化を組み上げるときのよい指針になると思います。同感します。答えがどうであるかを直観するところまで設問がうまくできていたら、できると思います。ただ文化全体となりますと、その答えが説得力をもつために長い努力がいるでしょう。

小林 そうですね。

美的感動について

岡 日本は、戦後個人主義*を取り入れたのだが、個人主義というものは日本国新憲法の前文で考えているような甘いものではない。それに同調して教育まで間違ってしまっている。その結果、現状はひどいことになっている。それに気づいて直してもらいたいと、私は呼びかけています。それを一億の人に呼びかけようと思ったら、続けて呼び続けていなければならない。同じ文章で同じことをいって呼び続けても、退屈して読んでくれなくなる。どうすれば比較的読んでくれるだろうかという技巧は数学で使っていることと同じでしょう。数学で未知なものをできるだけ既知のものに近づけるために書く文章と、いまあちこちに書く文章は、書き方としては同じです。

つまり一時間なら一時間、その状態の中で話をすると、その情緒がおのずから形に現れる。情緒を形に現すという働きが大自然にはあるらしい。文化はその現れである。数学もその一つにつながっているのです。その同じやり方で文章を書いておるのです。そうすると情緒が自然に形に現れる。つまり形に現れるもとのものを情緒と呼んでいるわけです。

そういうことを経験で知ったのですが、いったん形に書きますと、もうそのことへの情緒はなくなっている。形だけが残ります。そういう情緒が全くなかったら、こういうところでお話しようという熱意も起らないでしょう。それを情熱と呼んでおります。どうも前頭葉*はそういう構造をしているらしい。言い表しにくいことを言って、聞いてもらいたいというときには、人は熱心になる、それは情熱なのです。そして、ある情緒が起るについて、それはこういうものだという。それを直観といっておるのです。そして直観と情熱があればやるし、同感すれば読むし、そういうものがなければ、見向きもしない。そういう人を私は詩人といい、それ以外の人を俗世界の人ともいっておるのです。

芥川は詩という言葉が好きでした。しかし詩という言葉の意味は説明していない。私が大学を出て二年目に芥川は死んだのですが、私たち芥川の同好者が寄って話をするとき、最も話題になるのは、芥川の呼んでいる詩とはなんだろうということでした。それは直観と情熱だというふうに説明すればわかるのじゃないかと思ったのです。

漱石の書いたものには詩がある、しかし鷗外*にはそれがないと言っていますね。それを鷗外はいけないという意味にとったら問題が起るでしょうが、漱石はそれをいかに表すかに情熱をそそぎ込む。それをさしているのだろうと思います。

小林 詩というものも、ぼくら、若いころと、それから近ごろと、考えが違ってきましたね。どうも自分でよくわからないことだが、老年になりますと、目が悪くなり、いろいろの神経も鈍ってきます。そうするとイマジネーションのほうが発達してきますね。どうもそういうことを感じるのです。そうすると、詩にしても、昔はずいぶん受身でしたよ。向うに詩がある。絵でもなんでもそうですが、こちらは敏感だから、向うから一生懸命に貰《もら》うのです。吸収する。そして感動したものです。それがこの頃では次第に逆になりまして、私のほうからいろいろ想像を働かすのだな。

岡 きょう初めてお会いしている小林さんは、たしかに詩人と言い切れます。あなたのほうから非常に発信していますね。

小林　つまらないことをこのあいだ考えていたのですが、私の知っている骨董《こっとう》屋が死んだのです。私は瀬戸物が好きでして、三十年くらいつきあっていたのですが、その息子がこのあいだ来まして、親父の一周忌に句集を出したいと言うのです。彼は俳句を詠《よ》んでいたのですね。こっちはそんなことを知らなかった。ここそやっていたわけですね。じつは親父さんの日記が出てきて、その日記を読んだら、私が行って二人で酒を飲んだとき、おれの句集を出すから序文を書けと言ったら、よし、書いてやる、と言ったと書いてあるんだそうです。書いてやると言った証拠が日記にあると言う。だから書いてくれと息子が言うのです。そんなことはこっちは知らないし、少しも覚えていないのです。息子がそう言うものだから、それじゃ句集を見るからもっておいでといった。持ってきたノートブックには鉛筆でたくさん書いてあるわけです。それをこの間、私はずっと読んでいたのです。

素人《しろうと》の俳句ですから、それは駄句でしようがない。俳句でもなんでもありゃしません。するとね、「小林秀雄を訪ねる」とかなんとか、そういう詞書《ことばが》きがついて、俳句を詠んでいるのです。彼は李朝《りちょう》のいい徳利を持っていまして、ぼくは酒飲みですからいい徳利がほしいのですが、それだけはいくら売れと言っても売らないのです。骨董屋ですから、みんな売物のはずだが、それだけは離さない。それで二十八年間です。二十八年間、私に見せびらかしやがって、そいつも酒飲みですからね、どうだどうだと言って、そして売らないのですよ。私はほしくてほしくて、ついに二十八年目にぶんどっちゃったのです。どうしても売らないから、ぼくは酔っぱらって徳利をポケットに入れまして、持って帰ってしまった。そしてお前が危篤《きとく》になって電報をよこしたら返しに行く、それまではおれが飲んでいるからなといって、持ってきちゃったのです。それでぼくはいまも飲んでいるわけですが、奴《やつ》は電報を出す暇もなく死んじゃったのです。

その俳句をずっと読んでいったら、「小林秀雄に」という詞書きが出てきましてね、「毒舌を逆らはずきく老《おい》の春」という句を詠んでいるのです。考えてみたら、それは私が徳利を持って帰った日なのです。そしてその次に「友来《きた》る嬉《うれ》しからずや春の杯」とかいうのがあるのです。その日なんです。「毒舌を逆らはずきく」ということは、つまりぼくが徳利を持って行ったということなんですわ。ぼくは、まさか徳利をぶんどったときに俳句を詠んでいるとは知らないでしょう。息子が持ってきて、俳句をひねっていることがわかったわけです。それから私は俳句というものを少し考えちゃったのですよ。＊芭蕉とかなんとかいったって、おもしろいということになると、このほうが駄句だけれど、私にはおもしろいのですよ。

岡　内容だってありますね。

小林　しかしそれは私でなければわからないのです。それがまたおかしな俳句が沢山あるんです。そいつはとても食いしん坊で酒飲みで道楽者で、死んじゃったのですが、こういう俳句はどうです。「あれはああいふおもむきの海鼠《なまこ》かな」、ナマコが好きな奴なんですよ。ナマコで酒飲むでしょう。そのナマコの味なんていうものはお前たちにはわかりゃしないという俳句なんですね。そういう句はですよ、ぼくがその男を知っているからとてもおもしろいのです。こんなものを句集で誰かが見たって、おもしろくもない。＊都々逸《どどいつ》だか俳句だかわかりゃしない。「二日月《ふつかづき》河豚《ふぐ》啖《くら》はんと急ぐなり」。＊柳橋かなんかで芸者をあげるんでしょうが、「来る妓《をんな》皆河豚に似てたのもしく」なんていう句もありました。そこで私はこのごろこういうことを考えているのですが、結局そういう俳句がおもしろいというのはおれだけだ。その人間を知っていますからね。実物を知っていて読んだということでおもしろいのが俳句だね。そうすると、芭蕉という人を、もしも知っていたら、どんなにおもしろいかと思うのだ。あの弟子たちはさぞよくわかったでしょうな。いまは芭蕉の俳句だけ残っているので、これが名句だとかなんだとかみんな言っていますがね。しかし名句というものは、そこのところに、芭蕉に附き合った人だけにわかっている何か微妙なものがあるのじゃないかと私は思うのです。

岡　なるほど。そうですね。

小林　つまり生きている短い一生と生身の附き合いのことですね。鑑賞とか批評とかが、どうも中ぶらりんなものに見えてくる、そういう世界のことなんですがね、どうも妙な話になってしまいましたが、たとえば岡さんにお話するでしょう、そうすれば通ずるということがある。

岡　わかります。いやいや、おもしろいですな。

小林　わかりましょう。それなら、これは私だけの勝手な思いつきではないことになる、こんな妙な話が。もっとも、そんなことばかり考えていたら批評の商売になりませんから、考えません。考えないけれど、頭のどこかにこの考えがじっと坐っている。そこから、なにか普遍的な美学が作れないものですかね。

岡　つくれたらいいですね。

小林　絵でもそうなんですよ。私は*ゴッホのことを*書いたことがありますが、ゴッホを書いた動機というものは、*複製なんですよ。その複製を見て、感動して書いたのです。その後、*ゴッホの生誕百年祭で*アムステルダムに行きまして、その原画を見たのです。ところが感動しないのですね。複製のほうがいいですわ。色がたいへん違うのですが、その原画は、あんまりなまなましい。それが複製されると、ぼんやりしていて落着いてくるのです。複製のほうが作品として出来がいいのですよ。このごろ真贋《しんがん》問題とかで世の中が騒ぎますが、てんで見当が違うことだと思いますね。それは贋物《にせもの》と本物は違うという問題はありますよ。しかし人間の眼だって、そんなによくできたものではありませんよ。絵を見るコンディションというものがありますよ。千載一遇の好機に、頭痛でもしていたら、それっきりです。

岡　そうですね。原画であろうとなかろうと、動機なしに感動するということはできない。ともかく何もないのに感動せよと言ってもできませんから、むつかしいものですね。必ずはっきりした物があって感動する。

小林　一人でイマジネーションを働かしていればいいわけなんですが、そうはいかない。複製でも何でも物がなくては、きっかけがなくては、感動できないということは不思議ですね。

岡　ゴッホの手紙はいつ読んでもおもしろいですね。

小林　おもしろいですよ。絵かきはいったいに文章がまずいのですよ。立派な文章を書いているのは*ドガとか*ミレーです。*ゴーギャンはしゃれているだけで、つまらんですね。しかしゴッホは絵も文章も両方うまいです。

さっき話に出た地主さんという人に、ゴッホの展覧会を見てきて、どうだったと聞くと、「若い頃の絵に、*猿股《さるまた》とかシャツとかを物干にぶら下げている小さな小屋があった。ああいう絵はいい」と言うのですよ。「何とも感心した。しかしゴッホは色が出てくるとつまらんですね」と言っているのです。そういうことを言う人です。いま、そういうことを言う絵かきはいません。

岡　ゴッホのもので無条件にいいと言えるのは、むしろ、パリへ出て行って色の使い方を覚える前のものではあるまいかと、思わないこともありません。

小林　あなたもそうお思いになったことがあるのですか。

岡　ええ。思い切っては言えませんが。

小林　私はそれをよくわかるのです。わかりますが、手紙を読んでいればわかるように、あの人の色というものは、いちいち理窟《りくつ》があるのです。美術史家の言う様式ではなくて、むしろ独特の告白なんです。あれは実につらいものなんですよ。ゴッホも猿股ばかりかいていれば気楽だったでしょうがね。しかし、オランダでじゃが薯《いも》をかいていた田舎絵かきが、突然アンプレッショニスム*というものに出会ったということがあるのです。

アンプレッショニスムがパリで盛んになり、画商をしている弟*がときどき絵はがきをオランダにいる彼に送ってくれるのですが、そのなかにアンプレッショニスムの絵はがきがあったわけです。アンプレッショニスムというものは、流派として私はあまり好まないのですが、その表現にはたいへん正直な要求があるのです。モネ*ーのそういう要求はたいへん純粋なものです。モネーを受け継いだ後とは違うのです。窓を開いた人というものは、純粋な要求を持っているものです。それをゴッホは見て、ハッとわかったのです。どうもそうとしか思えません。感動して、パリに飛んで行くのです。この驚きの最中の、じつに美しい「パリ風景」をジュネーヴの美術館で見ました。残念なことには、この驚きは言葉になっていない、弟とパリで暮しているので、手紙がないわけなのです。あの光というものを自分のものにするスピードというものは、なんと言ったらいいか……。しかし彼なら、それを言葉にしたでしょう。彼の手紙は、絵と同じくらいのスピードで書かれているのです。絵かきというものは、そういうところがとても敏感です。じかに色が話をしてきますからね。ぼくらだって文章にたいしては敏感です。しかし絵とか音にたいしては、修業ができていませんから駄目なんです。私が自然と磨いているのは心の方の眼でして、肉眼ではないのです。

岡　モネーの純粋さがわかって、それから自分で自分の耳を切るようなことを思い切ってやったのですね。実際ゴッホの色はそう思ってみれば独特ですな。あれは学んだりしたものではない。動機がそこにあったのですな。モネーはたしかに純粋です。しかし純粋というのは、一つの自我の殻だと言えば言える。そこから外に出ていない。それでゴッホに比べて一種の退屈さを感じます。

人間の生きかた

小林　私はいま「*本居宣長《もとおりのりなが》」を書いていますが、あなたがおっしゃる情緒という言葉から、宣長の「もののあはれ」の説を連想するのですが。これはやはり情緒が基だという説なんです。あの人には、ほんとうは説としてまとまったものはなくて、雑文みたいなものの集まりがあるだけなのです。それで大体こういうことが言いたかったのであろうということを、私は推量するわけです。宣長は昔の人ですから、今の人みたいに理論的に神経質じゃありません。首尾一貫したもののあわれの理論をこしらえるなんていう考えは毛頭ないのです。だから勝手なことを言っているわけです。

岡　理論とか体系とかは、欧米から学んだもので、以前にはなかったのです。

小林　あの頃の日本人には一つもないのです。システムなんて言葉は何だかわからないのです。ですから推量するわけですが、もちろん宣長自身としては一貫しているのです。言いたいことがわかっているから、こうだろう、ああだろうと、こっちから推察するのです。そういうふうに見ますと、ああいう説は、あとから、例えば*坪内逍遥《しょうよう》が取りあげるような美学じゃないのですよ。文学説でもないのです。あれはあの人の人生観で哲学なんですよ。あわれを知る心とは、文学に限って言ったわけではなく、自分の全体の生き方なんです。それが誰もの生き方なんですね。そこまで確信してしまった人なのです。

ですから日本主義というようなレッテルからあの人を理解することは出来ないのですね。そのあと*平田篤胤《あつたね》という人が日本主義と呼んでいいような思想を組みあげるのですね。宣長先生はいろいろ矛盾しているからといって、正しく合理的な一つのシステムを作ろうとした。これが日本主義の*イデオロギーとして後に影響するのです。しかし本居宣長はそういう人ではない。詩人ではないが、たいへん詩人的なところがありまして、どんどん一人で歩いていって、もう先きはないというところまできて、ぽっくり死んだのです。そういう意味で宣長さんの考えた情緒というものは、道徳や宗教やいろいろなことを包含した概念なんです。単に美学的な概念ではないのです。

私はこの頃、仕事をしていて、これはどうなるかな、やっているうちにとんでもない失敗をするかもしれないなと、いつでも思うのですが、岡さんはどうですか。

岡　ええ。どうなるか全くわからない。

小林　わからんでしょうな。わかれば書きませんね。

岡　そうでなければ、読む人は企《たくら》みに踊らされているような気がするでしょう。

小林　方向だけは決まりますが、やれるかどうかはわかりませんね。

岡　きっと本当のやり方はそうなると思います。

小林　未来はわからないと思いますね。

岡　なにか話せと言われ、これについて話そうとある気持ができる。それで話は確かに出来ます。しかし結論をもったものになるかどうか、それはわかりません。本当のことをしゃべったり聞くことはどうしてもそうなります。

　ドストエフスキー*の小説も、どこへ発展するのかわかりませんね。

小林　ええ。その点では、文学者のうちで極端にそういう型の人でしょう。ドストエフスキーをお好きなようですね。どこかで「白痴」*のことを書いていらっしゃいましたね。私はドストエフスキーのことはずいぶん書いたんですが、いまだってわかっているわけではないのです。最近*、「白痴」を書きました。

岡　ドストエフスキーの特徴が「白痴」に一番よく出ているのではないかと思います。

小林　ドストエフスキーは自分で「白痴」が一番好きなんです。私も好きです。ドストエフスキーをよく見ますと、初めに方向が決まって、死ぬまでほかのことはしていませんな。おもしろいことですね。いろいろ作家を見ていますと、大体二十代で方向が決まって、それからあとほかのことは考えていませんね。考えられないに違いない。そういう人は正直だから自分の身丈《みたけ》にあったことしか考えようとしないのですな。精神を集中しているとか何とかいうことではなく、ほかのことを考える暇がない、その赴くままに歩いているのですね。ぼくはそう思うのです。岡さんも二十代にそういうことをおやりになって、方向は変っていないでしょう。

岡　変えられませんよ。

小林　ぼくらも不思議なことだが、振りかえってみますと、二十代でこれはと思ったことは変えていませんね。それを一歩も出ないのです。ただそれを少し詳しくしているだけですね。ぼくは批評家になろうと思ったことはない、世間が私を批評家にしたのです。ぼくはただ文章を書いていただけなのです。文章を書く対象として、作家や思想家があったというに過ぎないのです。私は人というものがわからないとつまらないのです。だれの文章を読んでいても、その人がわかると、たとえつまらない文章でもおもしろくなります。石や紙という物をかいてもおもしろいのと同じように、人間というものはそこに実体が存在するのです。それがないのがあるでしょう。それは私にはつまらない。文章というものもみんなそうなんです。

岡　それは理論の根本でしょうね。実際一人の人というのは不思議なものです。それがわからなければ個人主義もわからないわけです。そういう事実を個人の尊厳と言っているのですね。利己的な行為が尊厳であるかのように新憲法の前文では読めますが、誰が書いたのですかな。書いた連中には個人の存在の深さはわからない。個人の存在が底までわかり、従ってその全体像がわかってはじめて、その人の残した一言一句も本当にわかるわけですね。いまの知識階級のごく少数の人だけでもわかってくれたらよいと思います。個人主義をごく甘く見てしまっているんです。そういう個人というものがわからなければ、もののあわれというものも恐らくわからないでしょうし、もののあわれがわからなければ平和と言ったってむなしい言葉にすぎないでしょう。

小林　僕はドストエフスキーほどよく読んではいませんが、トルストイ*も好きです。ドストエフスキーはトルストイをあまり好かなかったのですが。

岡　生理的本能をもてあました人に違いない。トルストイは端まで一目で見渡される町に似ている。一目でわかるものを歩いてみる気はしない。そんな感じがするのです。書かれていることが初めから形式論理の範疇《はんちゅう》にあるような気がする。それと対照的なのがドストエフスキーです。ドストエフスキーは次のページを予測することができない。

小林　そういうことはありません。トルストイも偉いです。言葉は乱暴ですが、トルストイには、言葉の飛び切りの意味でドストエフスキーと違って馬鹿正直なところがあるのです。ドストエフスキーという人には、これも飛び切りの意味で狡猾《こうかつ》なところがあるのです。トルストイは真正直で健康な、鋭敏にして合理的な野性児です。最後はあんな悲惨なことになって死にますがね。野垂れ死*まで一直線に進むのです。ドストエフスキーというのは絶対にそうではない、病身で複雑な都会人でして……。

岡　悪漢ですか。

小林　悪漢です。ドストエフスキーの魅力は、そういうところにあります。

岡　そうすると、私は悪漢の書いたものが好きで、真正直な人の書いたものが嫌いであるという傾向をもっているので、少し警戒をしなければいけない。悪漢だから「白痴」にしろ「*カラマゾフの兄弟」にしろ書けたのですか。

小林　あなたはそういうことをおっしゃるけれど、あなたは数学者で、例えば*リーマンとポアンカレとどっちが好きかということを私が論じたって仕方ないことです。ところがあなたならそういう数学者の人間というものはよくわかっているわけです。それと同じで、文学にもまたそういう小説に親しむという世界があるのです。トルストイの作品にも感動があるのです。

岡　トルストイは人としてたいへん偉いですか。

小林　偉いです。

岡　*徳冨蘆花《ろか》は会って感心して帰ってきましたね。

小林　私はモスクワへ行って、トルストイの家を見ましたが、感動しました。「*アンナ・カレーニナ」を書いた部屋です。岡さんは「*コサック」という作品をお読みですか。

岡　ええ、読みました。

小林　あれは青年時代の作ですが、トルストイの方向はあれでもう決まってしまっているのです。あの鮮かさというものは、正直な目からでてくるものです。ああいう文章はドストエフスキーに書けません。ドストエフスキーにはああいう目がないのです。横から見たり縦から見たり。トルストイの目は、何とも言えない、健康で、明瞭《めいりょう》で、廻り道や裏道が一つもないものです。美しいと思いますね。あの目で思想問題もやったのです。正直な明瞭な目でキリスト教というものを見て、一直線に進んだのです。

岡　多分、私はトルストイ流に見たキリスト教に基づいて小説を書いたと思って、嫌いに思ったのでしょう。

小林　そんなことはないのです。みんな生活と体験で、お説教なんて一つもないですよ。でなければ、あれだけ世界を動かす原動力は生まれません。トルストイの正直に、みんな驚いたんですから。あれだけ人間正直になれるならなってみろ、というようなものです。

私は外国へ行く前に「『白痴』*について」という評論を半分ほど書きまして、帰ってきたら、あとの半分を書こうと思っていたのです。帰ってみたら、駄目なんですよ。不思議なことですが、書けないのです。例えば彫刻家が首のないトルソ*をつくるでしょう。首をあとから付けようと思っても、付かないのですね。そんな感じがしました。帰ってくるとどうしても付かない。私も首のないものを作ってしまったのかなという感じがしました。首がなくても彫刻として一向に構わない。読み返すとそういうふうになっているんです。それでやめてしまった文章があるのです。

岡　そうですか。それにしてもドストエフスキーが悪漢だとは思わなかった。

小林　悪人でないとああいうものは書けないですよ。トルストイみたいな正直な男には、ああいうイメージは浮かばない。

岡　そうですか。悪人がよい作品を残すとは困ったものですな。

小林　そんなことはないですよ。悪人と言ったって何も悪いことをしたわけではない。イマジネーションの問題なのです。それが豊富で、シェイクスピア*みたいなものではありませんかな。トルストイという人はそこまで気がまわる人ではないですね。

岡　専門家でないと、どうしても興味本位になっていけないですね。殊《こと》に数学が壁に突き当って、どうにも行き詰まると好きな小説を読むのです。

小林　行き詰まるというようなことは……。

岡　数学は必ず発見の前に一度行き詰まるのです。行き詰まるから発見するのです。

小林　数学の発達は、だいたい物理学の発達と平行しておりますか。

岡　そうですね。物理の手段として発達してきたでしょうね。十九世紀になってポアンカレあたりが、数学上の発見とはこういうものだと書いている、その発見はみな行き詰まったとき開ける、いかにも奇妙な開け方です。西洋人は自我が努力しなければ知力は働かないと思っているが、数学上の発見はそうではない。行き詰まって、意識的努力なんかできなくなってから開けるのです。それが不思議だとポアンカレは言っています。

小林　数学は、やっぱり物理学と同じく二十世紀になってから革命が起ってきたわけですか。

岡　十九世紀に伸びましたね。

小林　例えばユークリッドの幾何学というのがありますね。非ユークリッド幾何学者というのは誰ですか。

岡　ロバチェフスキー*が最初で、それとリーマンの二人です。もう一人あったかな。*

小林　そういうものができると、仮説が違うから両方ともそのまま進むのですか。

岡　そうです。内部的矛盾のない別の体系はあり得ます。

小林　そういうものがいま幾つもできているのですか。

岡　いえ、非ユークリッド幾何はリーマンとロバチェフスキー、その二人以後はできていません。もう少し広義な幾何学は幾らでも組み立て得るということをリーマンが言っています。しかしもう少し仮説をはっきりさせますとその数は有限個であるということをリーマンが言いまして、それをアインシュタインが使ったのでしょう。非ユークリッド幾何ではなく、もう少し広義なリーマン幾何学というのがあって、できていたそれをそのまま使ったのです。そのまま使ったにしても、たいした想像力だと思います。

小林　岡さんがこしらえた、違う仮説はあるわけですか。

岡　私は幾何学とは違いますから。

小林　とにかくはじめは違う仮説から出発するわけですか。

岡　そうです。ロバチェフスキー、リーマンなんかがでるまでは、別の公理体系がありうることは知らなかったわけです。唯一《ゆいいつ》のものと思っていましたから。

小林 いろいろな仮説から一つの合理的な数学の世界ができますね。できると、物理学者は実験で調べたものに、それを応用するのですね。

岡 あまり応用されていませんがね。しかしアインシュタインがああいう考え方をするについて、既成の自然観を無視して、新しい事実の存在する可能性を出したという点では、それを使ったわけです。

小林 ああそうですか。

無明の達人

岡 話がまた戻りますが、ドストエフスキー自身は、困ったことですが、悪人だったかもしれない。しかし小我を自分と思わなければ悪人というものはいないですね。小我を自分と思う人と、思わない人と、その両極に分けて人を見ているということをジイド*が書いていますが、そこが好きなんですね。

小林 それはおもしろいことで、例えばピカソが無明の達人ならば、無明に迷わされないと無明をあれだけ書けないのですよ。無明の中に入らないと、あれだけ知ることができない。そういう意味でドストエフスキーは無明の達人です。

岡　自分の中に両極を持っていたんでしょうな。悪い方の極がなかったら、よい方の極もよくわからないといえるかもしれませんね。

小林　そうかも知れません。だから「白痴」というイメージがどうしてもドストエフスキーにしか浮かばなかったのは、無明の極がトルストイよりもよほど濃いのです。トルストイは「懺悔録《*ざんげ》」なんてものを書いていますが、ドストエフスキーには懺悔録なんかないのです。トルストイには痛烈な後悔というものがあるのですが、ドストエフスキーに言わせれば、自分の苦痛は、とても後悔なんかで片付く簡単な代物《しろもの》ではないと言うかも知れません。そこまで無明があの人を取り囲んでいました。そういうところが、ドストエフスキーとトルストイの違いです。だから二人の戦闘というものは違うのです。トルストイは死ぬか生きるかのはっきりした戦闘をして、最後にやられるのです。ドストエフスキーはそれを看破していたわけです。宗教の問題に、あんたみたいに猪武者《*いのししむしゃ》みたいなやり方をしていては駄目だぞということを、「アンナ・カレーニナ」を書いた頃のトルストイに言って*います。ドストエフスキーはもっと複雑で、うろうろ、ふらふら、行ったり来たりしている。それが彼の宗教体系なのです。それで、ああいうイメージが浮かぶのです。トルストイはおっしゃるように合理的といえば合理的ですが、懺悔録などというものを書くタイプの男というのは大体そうです。そして、ついにがたっとくるのです。ドストエフスキーにはそういう要素はない。苦労の質が全く違うのです。あの人は政治犯*で、青年期にいったん死んで、また生まれて来たような人間なんですから。

岡　殺されようとしたんですね。

小林　殺されそうにもなった、あとは監獄と兵隊生活です。行く前は文壇の寵児《ちょうじ》だったんですよ。それが突然、監獄でしょう、その間にいろいろなことをすっかり考え込んじゃったわけです。後の生活も、トルストイの生活とはまるで比較するのも愚かなほど違ったものです。

岡　善人で努力家。トルストイを悪く言うのはやめましょう。「白痴」のムイシキン公爵*とか、「カラマゾフの兄弟」のゾシマ長老*、あるいはアリョーシャ*とか、ああいう人とドストエフスキーその人と似ているとは思いませんが、書いている内容と、その作者とは違うのでしょう。それと反対に善人を、よいものをよいと書くのはむつかしいのですが、ドストエフスキーは書いていますね。

小林　そのむつかしさをドストエフスキー自身も晩年に言っております。いいことはたいへん簡単なことだ、しかしそんなことは誰も聞いてくれない。それはキリスト教です。これこそ*メシアだと言っても、簡単すぎて笑われるだけだ。*ヴォルテールだって、これが真理だと、真理だけを説いたら、決してああも人気は出なかったはずだ、と言っております。それで裏をかいたという気味あいがあるのです。神様というものがありまして、これを例えば陽画とすれば、それを暗示する人生は陰画なのです。「白痴」も、よく読むとあれは一種の悪人です。

岡　ムイシキン公爵は悪人ですか。

小林　悪人と言うと言葉が悪いが、全く無力な善人です。そういうことがわかりまして、もっと積極的な善人をと考えて、最後にアリョーシャというイメージを創《つく》るのですが、あれは未完なのです。あのあとどうなるかわからない、また堕落させるつもりだったらしい。

岡　堕落する素質もあります。ゾシマ長老のような堅実さはない。

小林　岡さん、頭が痛がっている*二人の孫悟空がいて、どっちが贋《にせ》で、どっちが本物かという話をあなた書いていらしたでしょう。ピカソという霊獣がもしその区別を知っているとするならば、ピカソを賞《ほ》めすぎることになるかも知れない、と書いていらっしゃった。あの話、私にはおもしろかったな。本当と言ったら、それなんですよ。聖人の世界にはないでしょうが、詩人の世界にはそういう面倒がいつもあるのですよ。そこまで無明を知らないと、物が見えないんです。ドラマにならないのです。アリョーシャとアリョーシャではドラマにならんのです。事実、人生はそういうふうになっている。たとえば平和だけを唱えたって、戦争がなければ平和だってないのです。ピカソにしても、私はあまり好きませんが、偉い人だと思います。*マドリッドで*ゴヤを見たときに、ピカソも、スペイン人を理解しなければ、わからないなと思いました。ゴヤはピカソより格段に偉い人ですが、これも無明の達人でしょう。ところが若いころ*奥さんをかいている実に美しい、いい絵もある。あの奥さんは、十人ぐらい子供を産んだ女性ですが、幸福で十人ぐらいは産むだろうなという奥さんをかいてますよ。変な*残酷な絵をかくのは晩年になってからです。私はゴヤに感動して、ゴヤを書こうと思いまして、ゴヤに関する本を読んだのです。ところがゴヤという人の生活は確実には何もわかっていない。伝説のかたまりみたいな男なのです。それでよしました。

岡 ピカソには人というものを憎んだ時期があるのではないかと思ったことがありますが、人に期待し過ぎて裏切られたというようなことが動機になっていませんか。

小林 ユング*という心理学者が、お説に似た分析をやっておりますが、私にはやはりどうも合点がいきません。しかしピカソにも何の邪念もない絵もあります。あの人は皿を焼いたり、いろいろなことをしていますが、あの皿は童心です。明るい絵で、邪念のないものもあります。純真な線と色で喜ばすような絵もあります。しかし絵のなかから幸福が出てきて私を包んでくれるというようなものではない。ピカソにはスペインの、ぼくらにはわからない、何と言うか、狂暴な、血なまぐさいような血筋がありますね。ぼくはピカソについて書きましたときに*、そこを書けなくて略したのです。在るなと思っても、見えてこないものは書けません。あのヴァイタリティとか血の騒々しさを感じていても、本当には理解はできないのです。それがわからないのは、要するにピカソの絵がわからないことだなと思った。ぼくら日本人は、何でもわかるような気でいますが、実はわからないということを、この頃つよく感じるのですよ。自分にわかるものは、実に少いものではないかと思っています。

岡　小林さんにおわかりになるのは、日本的なものだと思います。

小林　この頃そう感じてきました。

岡　それでよいのだと思います。仕方がないということではなく、それでいいのだと思います。外国のものはあるところから先はどうしてもわからないものがあります。

小林　同感はするが、そういうことがありますね。だいいちキリスト教というものが私にはわからないのです。私は「白痴」の中に出ている無明だけを書いたのです。*レーベジェフと*イヴォールギンという将軍を書いたのです。どうしてドストエフスキーがあれほど詳しく、あの馬鹿と嘘《うそ》つきと卑劣な男を書きたかったか。あんな作品は世界の文学に一つもないと思いまして、それで分析してみたのです。それで頭のないトルソになったのです。

岡　「白痴」を読んでいると、人はムイシキン公爵が好きになるでしょうが、なぜ好きになるのか、反対をかけば彷彿《ほうふつ》されるわけですね。

小林　小説をよく読みますと、ムイシキンという男は*ラゴージンの共犯者なんです。

＊ナスターシャを二人で殺す、というふうにドストエフスキーは書いています。それをムイシキン自身は知らないのです、夢にも思っていない。しかしムイシキンの行動なり言葉なりがそういうふうに書かれています。あれは黙認というかたちで、ラゴージンを助けているのです、そしてナスターシャを殺すのです。そういうふうにあの作品は書かれています。これは普通の解釈とはたいへん違うのですが、私は見えたとおりを見たと書いたまでなのです。

岡　なるほど。そういうことですか。

小林　よくお読みになれば発見なさいましょう。作者は自分の仕事をよく知っていて、隅から隅まで計算して書いております。それをかぎ出さなくてはいけないのです。作者はそういうことを隠していますから。

岡　なるほど言われてみますと、私はただおもしろくて読んだだけで、批評の目がなかったということがわかります。それをなぜ好きになったかという自分をいぶかっているのです。何と言いますか、知情意することに責任をもつか、無責任であるかという根本的な違いがあって、全く責任をもちませんから、専門家とは相反しますね。ただ、そういう自分をふり返ってみるといろいろなことがわかるかもしれない。

「一」という観念

小林　岡さんのいらっしゃる奈良は五月がいいですね。藤の咲く頃は本当にいいな。＊あしびも咲いて。私は若いころ奈良に身をひそめたことがあって、奈良の四季は知っています。しかし奈良の鹿には苦労しましたよ。パンでもバターでも、なけなしの食糧をみんな食べられちゃうのです。

岡　あしび以外は何でも食べますね。若芽まで食べてしまう。

小林　ぼくはこの間、久しぶりに飛鳥《あすか》ノ京に行って、驚きました。飛鳥めぐりなんてバスが出ていて、＊蘇我馬子《そがのうまこ》の墓に行ったら、全部掘り返してますね。ひどいことをしますな。昔は畑の真中にきれいなお墓があって、何とも言えないのどかなところだったのです。それを学術調査だとか何とかいって掘り返し、ここに昔は濠《ほり》があったといって濠をつくっちゃった。そして柵《さく》で囲んで、切符売場まであるのです。そこへ大きなバスで女学生が来るでしょう。切符買って入るんです。ただ柵があるだけで、見えているのに切符を取る。そうすると弁当の殻や紙屑《かみくず》をみんな濠に放るんです。穢《きたな》いですよ。このごろの日本歴史というのはみんな学術調査です。歴史を調査するのです。ここはこうだった、間違っている、と濠を掘っているのです。

岡　歴史だけではありませんね。

小林　本居宣長さんという人は歴史家としてはペケですな。なんにも掘り返さないんです。掘り返しちゃいかんと言っている。「古事記」*であろうと「日本書紀」*であろうと事実である、「万葉集」*と同じ種類の事実である、掘り返してはいかん。掘り返しても出てくるものは弁当の殻ぐらいなものだと言うのです。実に健康で簡明な思想です。まあ、こんなことを言うと、暴言と取られるから止《や》めときますが、歴史家は文章の上で、実はこうであっただろう、ああだったろうということを言うのはいいが、しかし掘り返すということは、もっと丁寧にやってもらいたいですよ。跡かたづけはやってほしい。文部省も予算を出ししぶるのでしょうが、掘る人の精神傾向にも関係がないとは言えないでしょう。

岡　おもしろいお話ですね。

小林　岡さん、書いていらしたが、数学者における一という観念……。

岡　一を仮定して、一というものは定義しない。一は何であるかという問題は取り扱わない。

小林　つまり一のなかに含まれているわけですな、そのなかでいろいろなことを考えていくわけでしょう。一という広大な世界があるわけですな。

岡　あるのかないのか、わからない。

小林　子供が一というのを知るのはいつとかと書いておられましたね。

岡　自然数の一を知るのは大体生後十八ヵ月と言ってよいと思います。それまで無意味に笑っていたのが、それを境にしてにこにこ笑うようになる。つまり肉体の振動ではなくなるのですね。そういう時期がある。そこで一という数学的な観念と思われているものを体得する。生後十八ヵ月前後に全身的な運動をいろいろとやりまして、一時は一つのことしかやらんという規則を厳重に守る。その時期に一というのがわかると見ています。一という意味は所詮《しょせん》わからないのですが。

小林　それは理性ということですな。

岡　自分の肉体を意識するのは遅れるのですが、それを意識する前に、自分の肉体とは思わないながら、個の肉体というものができます。それがやはり十八ヵ月の頃だと言えると思います。

小林　それが一ですか。

岡　数学は一というものを取り扱いません。しかし数学者が数学をやっているときに、そのころできた一というものを生理的に使っているんじゃあるまいかと想像します。しかし数学者は、あるかないかわからないような、架空のものとして数体系を取り扱っているのではありません。自分にはわかりませんが、内容をもって取り扱っているのです。そのときの一というものの内容は、生後十八ヵ月の体得が占めているのじゃないか。一がよくわかるようにするには、だから全身運動ということをはぶけないと思います。

小林　なるほど。おもしろいことだな。

岡　私がいま立ちあがりますね。そうすると全身四百幾らの筋肉がとっさに統一的に働くのです。そういうのが一というものです。一つのまとまった全体というような意味になりますね。だから一のなかでやっているのかと言われる意味はよくわかります。一の中に全体があると見ています、あとは言えないのです。個人の個というものも、そういう意味のものでしょう。個人、個性というその個には一つのまとまった全体の一という意味が確かにありますね。

小林　それは一ですね。

岡　順序数がわかるのは生まれて八ヵ月ぐらいです。その頃の子に鈴を振ってみせます。初め振ったときは「おや」というような目の色を見せる。二度目に振って見せると、何か遠いものを思い出しているような目の色をする。三度目を振りますと、もはや意識して、あとは何度でも振って聞かせよとせがまれる。そういう区別が*截《せつ》然《ぜん》と出る。そういうことで順序数を教えたらわかるだろうという意味で言っているのです。一度目、二度目、三度目と、まるっきり目の色が違う。おもしろいのは、二度目を聞かしたとき、遠い昔を思い出すような目の色をする。それがのちの懐《なつか》しさというような情操に続くのではないか。その情操が文化というものを支えているのではないか。だから生後八ヵ月というのは、注目すべき時期だと思います。

とにかく単細胞が*二十億年かかってここまで進化したのですが、現在、人というものについては全くわかっていませんね。

医学は、生物が遺伝すると言っていましたが、近頃は学説を変えて、数学とか音楽の天才は遺伝ではなく、環境から来るのだと言い出した。学説が全く変っているのです。

小林　学説は変ったかもしれませんが、それならまた変るでしょう。

岡　しかし遺伝ではあり得ないということがわかったのです。だからそこは変りはしない。だが原因はほかに求めなければならなくなるでしょう。

小林　そうですか。しかし遺伝とか環境とかという概念はあいまいなものです。

岡　一卵性双生児を詳しく調べたのです。そうすると音楽的天才をもっているものと、もっていないものとが出てくるのです。遺伝するのは、内臓の欠陥とかそういう肉体的なものです。それ以外の遺伝は、全くの仮説、つまり偏見と言い直してもいいのです。とても説明できないということが少しわかってきた。もちろん環境だけで説明しきれるものではない。私の申したいことは、たとえば人が立とうという気持で立ちましょう、それは筋肉運動ではありますが、気持次第で千差万別の立ち方がありますね。そういうことを何がさせているかということが、実は一つもわかっていない。そうだとすると、人間の生活は操り人形でしょう。それが何に依存して、どういうあり方であるかということが一つもわかっていない。人がどうしてできたかということは、肉体だけから説明できると信じているが、とんでもない間違いだと思います。われわれの日常生活の仕方、なぜそういうことができたのか、どういうあり方であるのかということが一つもわかっていない。にもかかわらず、自然というものがあって、その機能によって時間と空間のなかを自分が動いているということだけ信じている。それは偏見だと思うのです。とうてい説明しきれるものではないのです。また実際問題として、私の子供は数学はあまりできやしませんし、遺伝なんかしそうもない。

私が環境にこだわったのは、家庭に子供が育つということは、その家庭の雰囲気が非常に子供に影響すると思ったからなのです。人は医者の言うことはよくきくが、私などの言うことはなかなか聞いてくれない。その一つとして、医者の環境説をありがたく紹介したのです。環境一つで人間を説明できるなどとは思いません。愛と信頼と向上する意志、大体その三つが人の中心になると思うのです。それが人の骨格をつくるのですが、生まれて、自分の中心をつくろうという時期に、家庭にそういう雰囲気が欠けていたら、恐るべき結果になるだろうと言って、おどかしているのです。そこで私が言う情緒ですが、人が生まれて生い育つ有様を見ていて、それがわかると、人というものもかなりわかるのではないかと思うのです。一人の人の生まれたときの有様を見れば、あるいは世界の始まりも見えてくるのではないかということも思います。

その基本は何かと言いますと、生まれてどれくらいでしょうか。赤ん坊がお母さんに抱かれて、そしてお母さんの顔を見て笑っている。このあたりが基になっているようですね。その頃ではまだ自他の別というものはない。母親は他人で、抱かれている自分は別人だとは思っていない。しかしながら、親子の情というものはすでにある。あると仮定する。すでに母親は別格なのです。自他の別はないが、親子の情はあるのですね。そして時間というようなものがわかりそうになるのが、大体生後三十二ヵ月すぎてからあとです。そうすると、赤ん坊にはまだ時間というものはない。だから、そうして抱かれている有様は、自他の別なく、時間というものがないから、これが本当ののどかというものだ。それを仏教で言いますと、＊涅槃《ねはん》というものになるのですね。世界の始まりというのは、赤ん坊が母親に抱かれている、親子の情はわかるが、自他の別は感じていない。時間という観念はまだその人の心にできてない。——そういう状態ではないかと思う。そののち人の心の中には時というものが生まれ、自他の別ができていき、森羅万象ができていく。それが一個の世界ができあがることだと思います。そうすると、のどかというものは、これが平和の内容だろうと思いますが、自他の別なく、時間の観念がない状態でしょう。それは何かというと、情緒なのです。だから時間、空間が最初にあるというキリスト教などの説明の仕方ではわかりませんが、情緒が最初に育つのです。自他の別もないのに、親子の情というものがあり得る。それが情緒の理想なんです。矛盾でなく、初めにちゃんとあるのです。そういうのを情緒と言っている。私の世界観は、つまり最初に情緒ができるということです。

数学と詩の相似

小林　岡さんのお考えは、理論とは言えない、一つのヴィジョン*ですね。私はたいへん面白いと思います。お書きになるもので大体わかっていましたが、一つのヴィジョンです。勿論《もちろん》そのヴィジョンが一番よく現れているのは、やはりあなたの数学のお仕事だろうと思うのです。もしもあなたの親友の数学者が、あなたのお仕事を見れば、これが情緒だと、指でさせるだろうと思うのだ。それは数学の言葉が通じているからです。残念だが、それが私には出来ない。でもそれでいいのです。ヴィジョンの閃《ひらめ》きを感じれば、それでいいのです。あなたのヴィジョンが言葉になるところをつかまえる。それしか出来ない。たとえばね、あなたは、子供がまず順序数というものをつかむと言う。それから全身の運動を繰り返して、一という観念をものにすると言う。私は児童心理学というようなものには不案内ですが、そんな学問が、今なにを言っていてもいい。あなたのヴィジョンはたいへん美しくおもしろいと思うのです。

それからもう一つ、あなたは確信したことばかり書いていらっしゃいますね。自分の確信したことしか文章に書いていない。これは不思議なことなんですが、いまの学者は、確信したことなんか一言も書きません。学説は書きますよ、知識は書きますよ、しかし私は人間として、人生をこう渡っているということを書いている学者は実に実にまれなのです。そういうことを当然しなければならない哲学者も、それをしている人がまれなのです。そういうことをしている人は本当に少いのですよ。フランスには今度こんな派が現れたとか、それを紹介するとか解説するとか、文章はたくさんあります。そういう文章は知識としては有益でしょうが、私は文章としてものを読みますからね、その人の確信が現れていないような文章はおもしろくないのです。岡さんの文章は確信だけが書いてあるのですよ。

岡 なるほど。

小林 自分はこう思うということばかりを、二度言ったり、三度目だけどまた言うとか、何とかかんとか書いていらっしゃる。そういう文章を書いている人はいまいないと思ったのです。それで私は心を動かされたのです。

岡 ありがとうございます。どうも、確信のないことを書くということは数学者にはできないだろうと思いますね。確信しない間は複雑で書けない。

小林 確信しないあいだは、複雑で書けない、まさにそのとおりですね。確信したことを書くくらい単純なことはない。しかし世間は、おそらくその逆を考えるのが普通なのですよ。確信したことを言うのは、なにか気負い立たねばならない。確信しない奴《やつ》を説得しなければならない。まあそんなふうにいきり立つのが常態なんですよ。ばかばかしい。確信するとは2プラス2がイコール4であるというような当り前なことなのだ。

文士は、みんな勝手に自分の思うことを書きますよ。その点では達人です。これは一種の習性のうえでの達人なんですな。しかしトルストイという人が、この習性を破った人だということは気にかけない。気にかけても、それはもう古風な考えだと思っているのです。ところで新風というものが、どこかにありますかなあ。こんな退屈なことはないですね。もしもみんなが、おれはこのように生きることを確信するということだけを書いてくれれば、いまの文壇は楽しくなるのではないかと思います。

岡　人が何と思おうと自分はこうとしか思えないというものが直観ですが、それがないのですね。

小林　ええ、おっしゃるとおりかも知れません。直観と確信とが離れ離れになっているのです。僕はなになにを確信する、と言う。では実物のなにが直観できているのか、という問題でしょう。その点で、私は嘘《うそ》をつくかつかぬかという、全く尋常な問題に帰すると考えているのですが、余計な理窟《りくつ》ばかり並べているのですよ、そうとしか思えません。

岡　躾《しつ》けられて、そのとおりに行為するのと、自分がそうとしか思えないからその通り行為するのと、全く違います。

小林　さっき、あなたの数学の内容というものが、情緒であるというお話、だいたい見当がついたつもりですが、さてその内容ですね、数学者は、数学者を超える存在のなかで数学をやっているわけでしょう。そういう、いわば上手《うわて》の存在、あるいはリアリティ、そういうものがあるとお考えでしょう。うまく言えませんが、あなたのお考えは東洋風なのです。存在論的で認識論的ではない、まずい言葉ですが。そうすると、数学者の考えはなるたけリアリティに近づかなければいけない。リアリティというものは何だかわからないけれども、とにかくそれを目ざして、そこへ近づきたい。近づくために納得できる描写なり、説明なり、解釈なりをしたいわけでしょう。

岡　かりにリアリティというものはあるのですけれども、見えてはいないのです。それで探しているわけですね。リアリティというものは、霧に隠れている山の姿だとしますと、それまで霧しかなかったところに山の姿の一部が出てきたら、喜んでいるわけですね。だから唯一《ゆいいつ》のリアリティというものがあって、それをどう解釈するかというふうなことはしていないのです。

小林　唯一と言っては語弊があるが、そういうものがあるわけですね。それを信じなければ、ならないわけですね。そうすると、たくさんの解釈はそれに近寄るための手段ですか。いい手段もあれば、まずい手段もあるでしょうが。

岡　リアリティにいろいろな解釈があって、どれをとるかが問題になったという実例はないと思います。リアリティの解釈が問題になるということは、数学では一度も出会ったことがないでしょう。

小林　物理学者は？

岡　物理学者はリアリティを問題にしていますね。

小林　それに近づくために、実験をしていますね。証明というものは、間接にしろ直接にしろ、リアリティに近づいていくためのものがあるらしい。数学でそれに相当するものは何ですか。

岡　物理学者の場合、リアリティというものは、人があると考えている自然というものの本質ということになりますね。それに相当するものは数学にはありません。だから見えない山の姿を少しずつ探していくということですね。ある意味では自然を*クリエイトするものの立場に立っているわけです。クリエイトされた自然を解釈する立場には立っていないのです。

小林　それがあなたのおっしゃる種を蒔《ま》くということですか。

岡　そうです。ないところへできていく。できていく数学を物理では唯一の正しい解釈をさぐり当てようとする手段として使うのでしょう。例えばアインシュタインはリーマンの論文をそのまま使った。そういうことを数学はしない。無いところへ初めて論文を書くのを認める。だから木にたとえると、種から杉を育てるということになって、杉から取った材木を組み合せてものをつくるということはやりません。

小林　そうですか。そうすると詩に似ていますな。

岡　似ているのですよ。情緒のなかにあるから出てくるのには違いないが、まだ形に現れていなかったものを形にするのを発見として認めているわけです。だから森羅万象は数学者によってつくられていっているのです。詩に近いでしょう。

小林　近いですね。詩人もそういうことをやっているわけです。それはどういうことかと言いますと、言葉というものを、詩人はそのくらい信用しているという、そのことなのです。言葉の組み合せとか、発明とか、そういうことで新しい言葉の世界をまたつくり出している。それがある新しい意味をもつことが価値ですね。それと同じように数学者は、数というものが言葉ではないのですか。詩人が言葉に対するような態度で数というものをもっているわけですね。

岡 言葉が五十音に基づいてあるとすれば、それに相当するものが数ですね。それからつくられたものが言葉ですね。

小林 新しい数をつくっていくわけですね。

岡 数というものがあるから、数学の言葉というものがつくれるわけですね。

はじめに言葉

小林 ぼくはこのごろ西洋人のことがだんだんわからなくなってきたのです。

岡 何か細胞の一つ一つがみな違っているのだという気がしますね。

小林 そういうことがこの頃ようやくわかってきた。ぼくらの受けた教育は一種西洋的なものだったし、若いころの自分の好みもそういうふうでしたから、西洋をわかったようなつもりでいたことが多いのです。それがだんだんと反省されてきました。わかることが少い、実に少いという傾向に進むものですね。ところが文明の趨《すう》勢《せい》というものは逆なのです。なにもかも国際的ということになった。原爆問題、ヴ*

ェトナム問題から、自分の子供の病気というような問題に至るまで、活眼を開かなければならない。そんなことが、いったい人間に可能でしょうか。やさしい答えはたった一つです。人間に可能でしょうかなどという問題は切り捨てればよいのです。視野をひろげたければ、広角レンズを買えばよい。これが現代のヒューマニズムの正体ではないかという気がすることもあります。

岡 私もそう思います。わかるということはわからないなと思うことだと思いますね。

小林 岡さんは数学を長年やっていらして、こういうふうにいけば安心というような目途《めど》というものがありますか。

岡 家康*がもうこれで安心と思ったような、ああいう安心はありませんね。だからそういう心配もすべきものではないと思っているだけです。

小林 一つ解決すると、その解決がさらに次の疑問を生む。

岡 次の問題をよんで、それが無解決につながるということは幾らでもあります。ただ私が始めました頃は、三四十年かかっていろいろな中心的な問題がでてきていた。それを解決しなければ進めないという時期にあった。その頃始めたわけです。

それがだんだん解決できていったということです。もう殆《ほとん》ど解決できています。今度は次の新しい問題がわかってこなければ行き詰まるわけで、そういう困難が待ちうけています。いまそこにいるわけです。

小林　しかし後戻りというのはないわけでしょう。

岡　後戻りはしません。

小林　絶対にしない？

岡　ええ。本当に行き詰まったら、数学というものがなくなるでしょうね。そういう危険性がないということは言えないわけです。だから数学のなかだけでは安心できないわけで、やはり人類の文化の一つとして数学というものがあるという自覚があれば、心配はないわけです。人類の向上に対して方向が合っていると思うようにやればいいので、そこまで行かなければ安心できない。数学至上主義というものはあり得ません。

私はさしあたって日本の非行少年の数が三割というような驚くべき比率から、せめて三パーセントぐらいに下がってほしいと痛切に思っています。それに役立ちそうなことがあったら、喜んでしているのです。大変な数字だということを、どうして思わないのか。こんな数字は今までになかった。昔の国家主義や軍国主義は、それ自体は、間違っていても教育としては自我を抑止していました。だから今の個人主義が間違っている。自己中心に考えるということを個人の尊厳だなどと教えないで、そこを直してほしい。まず日本人が小我は自分ではないと悟ってもらわないと。なぜ日本人にそういうことを言うかと言いますと、イギリス人の歴史家が沖縄*へ行ってみて「神風*」の恐しさは見たものでなければわからないと言っているのです。ものすごい死に方をしている。善悪は別にして、ああいう死にかたは小我を自分だと思っていてはできないのです。だから小我が自分だと思わない状態に至れる民族だと思うのです。自分の肉体というものは人類全体の肉体であるべきである。理論ではなく、感情的にそう思えるようになるということが大事で、それが最もできる民族としては日本人だと思います。ところが三割という非行少年、いま日本が一番多いのですね。一億という人が生存競争の空《むな》しさを言ってくれたら、世界に対して相当の声になって、あるいは人類の滅亡を避けられるかもしれない。そう思っております。理性というものでは到底現状を防げるとは思いません。感情、情緒というものが眠っているのです。

もう一つは、いまの中学生は同級生を敵だとしか思えないと言うのです。私は義務教育は何をおいても、同級生を友だちと思えるように教えてほしい。同級生を敵だと思うことが醜い生存競争であり、どんなに悪いことであるかということ、いったん、そういう癖をつけたら直せないということを見落していると思います。獣類にはいろいろな本能や欲情がある。ところが獣類の世界が滅茶苦茶になることはない。なぜ、ならないかと言うと、獣類の頭には、本能や欲情に対する自動調節装置がついているのですね。そのために放っておいてもひどいことにはならない。ところが人の頭には本能や欲情に対する自動調節装置は全然ないのですね。その代り意識して自主的にそういうものを抑える力が大脳前頭葉に与えられているのです。人はその働きを行使することによってのみ人として存在し得るという、そういう構造になっているのです。これは前世紀来の医学の定説なんです。そういう事実を無視した教育をやれば、非行少年は減りません。

小林　政治問題としてみれば、先生にもっと月給をあげなければいけないでしょう。ぼくはフランスに行ったときに、小学校の図画の女の先生の生活を見てきた。パリの街なかの一流アパートに住めるのですよ。それだけの金を取っているということがわかったのです。日本の先生はひどいなと思います。とくに小学校の先生が薄給でやっているということはいけないですね。本当に教育ということを考えれば、そういう馬鹿なことがあるはずはないのです。

岡　大事なものに対する権威をもっとはっきり認めなければいけませんね。数学をいくら研究したって何の収入もない。教員をやって、そこから収入を得る。研究の邪魔になります。

小林　岡さんの数学というものは数式で書かれる方が多いのですか、それとも文章で表されるのですか。

岡　なかなか数式で表せるようになってこないのです。ですから、たいてい文です。

小林　文ですか。つまり、その文のなかにいろいろな定義を必要とする専門語が入っているというわけですね。

岡　自分にわかるような符牒《ふちょう》の文章です。人にわからす必要もないので、他人にはわからないものです。自分には書いておかないと、何を考えたのかわからなくなるようなものです。やはり次々書いていかないと考え進むということはできません。だけど数式がいるようなところまではなかなか進みません。

小林　そうすると、やはり言葉が基ですね。

岡　言葉なんです。思索は言葉なんです。言語中枢《ちゅうすう》なしに思索ということはできないでしょう。

小林　着想というものはやはり言葉ですか。

岡　ええ。方程式が最初に浮かぶことは決してありません。方程式を立てておくと、頭がそのように動いて言葉が出てくるのでは決してありません。ところどころ文字を使うように方程式を使うだけです。

小林　そうですか。数学者の論文というのはそういうものですか。それじゃ例えば、アインシュタインがある数学者の数式を使う場合は、その最終的な方程式だけを使うわけですね。

岡　そうです。結果を方程式で要約してあることが多いですね。それを使うわけです。

小林　そうすると、数学者が言葉で考えたところは考えないわけですね。省略してしまうわけですか。

岡　全部省いたってやれるわけです。だから、生えた杉の板を使っていると言っているのです。小林さんはずいぶんお考えになりますが、そのとき、言葉にたよって考えているでしょう。それよりほかはできない。

小林　私みたいに文士になりますと、大変ひどいんです。ひどいということは、考えるというより言葉を探していると言ったほうがいいのです。ある言葉がヒョッと浮かぶでしょう。そうすると言葉には力がありまして、それがまた言葉を生むんです。私はイデー*があって、イデーに合う言葉を拾うわけではないのです。ヒョッと言葉が出てきて、その言葉が子供を生むんです。そうすると文章になっていく。文士はみんな、そういうやりかたをしているだろうと私は思いますがね。それくらい言葉というものは文士には親しいのですね。岡さんの数学の世界にも、そういう独特の楽しみがあるでしょう。

岡　数学がどういうものか知らない人が、数学教育をああしろ、こうしろ、といっているんですからね。

小林　ある人にとって、数が生きているということは、これはむつかしい話でしょう。用語の定義が素人《しろうと》にはわからないが、もしそれがわかれば、数学も一つの文章ですね。

岡　そうなんです。定義のわかりにくいところだけを伏せてお話しても、わかる人はかなりおわかりになるだろうと思います。さっき例えば、数学基礎論の最近の論文のお話をしましたが、おわかりになったでしょう。あそこで伏せた言葉自体の意味を説明しようと思ったら大変なことになる。そのためにみな諦《あきら》めて数学の内容を説明しなくなったのですね。ある程度までは伏せたもので十分わかっていただけると思います。それにやはり数学を熱心に勉強するということは我を忘れることであって、根性を丸出しにすることではありません。無我の境に向わないと数学になっていかないのです。ドストエフスキーは悪人でも、やはり熱心に創作に没頭している時は、自分を忘れて無我の境地で書いているでしょう。同じですね。

小林　精神の動きというものは一つですね。

岡　人は記述された全部をきくのではなく、そこにあらわれている心の動きを見るのだから、わからん字が混っていてもわかると思います。

近代数学と情緒

小林　岡さんの数学は幾何学でなくて、何学というのですか。

岡　解析学、アナリシス*というのです。数学は大きく分けて幾何学と代数学と解析学とあります。

小林　解析学はいつごろから始まった学問ですか。

岡　解析学が一番古いのです。

小林　アナリシスというのはどういう概念なんですか。

岡　アナリシスというのは分析するという意味ですね。主体になっているものは函《かん》数《すう》でして、函数というのは、二つの数の間の関係をいうのです。昔、エジプトあたりで作地の面積を測ったりする時に、たとえば三角法*が使われた。直角三角形の角と二辺の比、それを角の函数といって、サイン*函数とかコサイン*函数とかいいますね。そういうものが考えられていた。二数の関係はエジプトですでに考えられていました。そのいろいろな函数を広めていったものが解析学という学問なのです。二数の関係で、一数を変数と呼び、独立変数といいますが、そのXが決まればYも決まる。Xを先に決めると、Yが決まるというとき、YはXの函数だというのです。函数というのは、ファンクション*、つまり機能という言葉なのですが、それをハコとカズという字を書いて函数と訳したのは多分ソロバンのことを函数と思ったのでしょう。ですから一つの数だけを見るのではなく、二数の関係を単位にして見ていくのですね。

小林　それは数学の基本的な考えですね。代数学とはどう違うのですか。

岡　四則つまり加減乗除と根号*に開くことを使って、一つの数から他の数を作る操作をする。オペレーション*といいますが、それを詳しくみると、なかなかおもしろい事実がわかってきた。たとえば、五次方程式は代数学的には、即《すなわ》ちこういうオペレーションだけでは、解けないというような事実が十九世紀になってアーベル*によって発見されたのです。それからあと、そういう特別なものだけを詳しく調べようという研究が起った。それが代数学なのです。解析学の中で代数函数といわれたものだけを取り出して、それを対象にして代数学というものを作ったのです。アーベルの発見が契機になったのです。それ以前の、アラビアの昔からある、たとえば、二次方程式、三次方程式、四次方程式が解けるということも代数ではあるが、その五次方程式が解けないということから、そういう特別なオペレーションだけを詳しくみると、やることがずいぶん多いということがわかってきて、研究が盛んになり、そしてできたのが現代の代数学です。新しいものです。幾何学は、ギリシャに至って、初等幾何だけを尊んで独立させ、体系に組み立てたものです。だから年代はだいぶおくれるわけです。

小林　そうすると、いまの函数というのはエジプトから続いていて、どういうふうになっているのですか。

岡　函数も十九世紀になって複素数*というものの性質がよくわかってきて、急激に伸びだしたのです。いずれ行きづまって、長く眠って、また伸びるという行き方をするでしょうが、まだ伸びはじめてから百年越えたところですから、行きづまるところまではきていません。たとえば、二乗すると1になる数といったら1ですな。二乗すると2になる数は平方根の2という数ですね。しかし二乗すると−1になる数というものはないと思われていたのです。そこで二乗すると−1になる数があるとして、そしてそれをかりにiと名付けたのです。だから、iの二乗は−1になるわけです。そうすると一般の数は、1のa倍とiのb倍とで、つまり$a+bi$という形ですべて書けるということがわかった。これがわかったのがやっと十九世紀、これが複素数なのです。複素数がわかりまして、そのいろいろな性質を調べると、コーシー*

の定理と呼ばれている定理が複素数の世界にあるということがわかってきた。数にはいわゆる実数と、iの何倍という虚数があるのですが、複素数というと、$a+bi$という形で実数と虚数と両方の単位に書けますね。一般の数がそういう形で書けるということがわかった。それとともに、それまで実数だけで考えていた*積分というものを考えますと、実数は一次元ですから、直線の上にしか書けません、どこからどこまで積分するということです。それが複素数になりますと、デカルトのように座標をとりまして、一方の座標を1、一方の座標をiにとりまして、一般の複素数$a+bi$は、平面上のa、bを座標にする点に相当するんですね。だから、一つの複素数を平面上の一つの点に対応させることができるんですね。だから、実数で考えている積分を、複素数になおして考えますと、いままで起らなかった現象が起る。どういうことかというと、*クローズド・カーヴ、つまり元へ戻る円とか楕円《だえん》ですが、それに沿って積分するということができるのですね。ところが一つの数を変数とみて、それから四則をやったり根号に開くことをやったり、それでやめとけば代数函数ですが、それをもう一歩深めますと、リミット、極限へ行くという操作を許すのです。それを一つ許しますと、一般の数が出てきますが、それだけの操作を許して出てくる函数を解析函数というのですが、解析函数を平面曲線に沿って積分すると0になるという性質があるということがわかったのです。それをコーシーの定理というのです。それ以後、それを使って解析函数の性質を詳しく調べるということが始まったのです。非常に詳しく調べられるものです。そういうことをほんとうにやれるようになったのは一八四五年のコーシーの第二定理というのからですが、まだやれることが相当に残っているのです。

数学史を見ますと、数学は絶えず進んでいくというふうにはなっていません。いま数学でやっていることは、だいたい十九世紀にわかって始められたことがまだ続いているという状態です。証明さえあれば、人は満足すると信じて疑わない。だから、数学は知的に独立したものであり得ると信じて疑わなかった。ところが、知には情を説得する力がない。満足というものは情がするものであるという例に出会った。そこを考えなおさなければならない時期にきている。それによって人がどう考えなおすかは、まだこれからの有様を見ないとわからない。数学がいままで成り立ってきたのは、体系のなかに矛盾がないということが証明されているためだけではなくて、その体系を各々《おのおの》の数学者の感情が満足していたということがもっと深くにあったのです。初めてそれがわかったのです。人がようやく感情の権威に気づいたといってもよろしい。人智の進歩としては早いほうかもしれない。人は実例に出会わなければ決してわからない。

仏教に光明主義というのがありますが、それは中心に如来《にょらい》があって、自分があるというのがはじまりで、私はそれがほんとうだと思っています。全知全能の大宇宙の中心である如来と、なぜ全く無知無能である個人との間に交渉が起るかということは不思議なことかもしれない。しかし全知全能な者は無知無能な者に、知においても意においても、関心を持たない。情において関心を持っているのです。全知全能の者から見れば、無知無能の者は珍しくて、あわれで、可愛《かわい》いのではないか、そこで交流が起るのではないかと思うのです。情というものは知や意とはだいぶ違うのです。とにかく知がいかに説いたって、情は承知しないということがわかったとすれば、数学でそれがわかったとすれば、数学という学問の大きな意味にもなりますね。

知や意によって人の情を強制できない、これが民主主義の根本の思想だと思いますが、そういうことがわかれば、たとえば漢字をおかしな仕方で制限し、それ以外の字を使って子供の名前を付けさせないなどということを人に押しつけることもできないはずです。共産主義に合わない学問を認めない国家も同様です。知や意思はいかに説いたって情は納得しない。じっさいまた情が主になって動きませんと、感情意欲が働かない、従って前頭葉が命令するという形式にならない。前頭葉を使い、使いながら強くなるという形式で頭脳も発達してこない。無理に癖をつけるやり方、*側頭葉しか働かせない教育、それを躾《しつけ》と思い違っているらしいが、いくら厳しくしても、自主的に自制力を使う機会を奪い去っているのだから無駄です。あれほど厳しく躾けたのに、こんな子供ができてしまった、きっと躾けすぎたのがいけない、やはり放任すべきだというような見当違いになるのです。情が納得して、なるほどそうだとその人自身が動き出さなければ、前頭葉も働かない。だからブレーキが弱くて、自分を押えたことにはならない。そこがわかっていないらしい。たとえば懐《なつか》しいという情が起るためには、もと行った所にもう一度行かなければだめです。そうしないと本当の記憶はよみがえらないのですね。そこへ行けば細大漏らさず、おやと思うことまで記憶がよみがえる。仏教で、本当の記憶は頭の記憶などよりはるかに大きく外へ広がっているといっていますが、そういうことだと思います。与*謝野鉄幹の「＊秋の日悲し王城や昔にかわる土の色」という意味もほんとうにそこでその土の色を見ただけで、昔はこうだったろうかということがまざまざと感じられるのでしょう。それが記憶の本質ですね。そういうことがよくわかっていたら、奈良とか民族の文化の発祥地をもっと大事にするはずです。

記憶がよみがえる

小林　芭蕉に「＊不易《ふえき》流行」という有名な言葉がありますね。俳諧《はいかい》には不易と流行とが両方必要だと言う。これは歴史哲学ではありません。詩人の直観なのですが、不易というのは、ある動かない観念ではない。あなたのおっしゃる記憶の力に関して発言されているのではないかと思うのですね。幼時を思い出さない詩人というものはいないのです、一人もいないのです。そうしないと詩的言語というものが成立しないのです。

誰でもめいめいがみんな自分の歴史をもっている。オギャアと生まれてからの歴史は、どうしたって背負っているのです。伝統を否定しようと、民族を否定しようとかまわない。やっぱり記憶がよみがえるということがあるのです。記憶が勝手によみがえるのですからね、これはどうしようもないのです。これが私になんらかの感動を与えたりするということもまた、私の意志ではないのです、記憶がやるんです。記憶が幼時のなつかしさに連れていくのです。言葉が発生する原始状態は、誰の心のなかにも、どんな文明人の精神のなかにも持続している。そこに立ちかえることを、芭蕉は不易と呼んだのではないかと思います。

芸術の歴史を見ると、いつでも立ちかえるという運動が見られますね。アンプレッショニスム*という運動はなるほど新運動だが、やはりあれは一つの復古運動なのです。もういっぺん自然から出直せという主張でしょう。もういっぺん自然をじかに見ろと、モネーは、子供に帰ってもういっぺん睡蓮《すいれん》を見てみろといったわけでしょう。そのときの教養には、すでに科学的な教養というものがありますから、光の波動だとかなんとかいう教養がいっぱいありますから、そういう教養にひっかかりますが、とにかくもう一度戻るのです。ピカソだって、あなたは無明ということをおっしゃったが、もう一つのモチーフがあるのです。それはやはり自然に帰れということですよ。これは土人に帰れ、子供に帰れということですが。そういうことになるのも、これは決して歴史主義という思想に学ぶのではない、記憶を背負って生きなければならない人の心の構造自体から来ているように思えるのです。原始的時代がぼくの記憶のなかにあるのです。歴史の本のなかにではなくて、ぼく自身がもっているのです。そこに帰る。もういっぺんそこにつからないと、電気がつかないことがある。あまり人為的なことをやっていますと、人間は弱るんです。弱るから、そこへ帰ろうということが起ってくる。

岡 それを真の自分だといっているのですね。

小林 と言うよりも、真の自分を探そうとすると、そういうことになると言ったほうがいいかも知れません。おっしゃる情緒というものにふれるということも、記憶を通じてではないかと考えるのです。本当の記憶は頭の記憶より広大だという仏説*があるとおっしゃったが、その考えを綿密に調べた本がベルグソンにあります。「物質と記憶」*という本ですが、これは立派なおもしろい本です。脳と精神との関係の研究なんです。記憶というのは精神の異名なのです。物質というのは脳細胞のことです。その関係を書いたものです。あなたがお読みになれば、これはたとえば、リーマンをお読みになるようなものではないかと思います。今の学説からは遅れているかも知れない、が、実に豊かな可能性を孕《はら》んでいる。これは心身のパラレリスム*、精神は脳機能の随伴現象だという、簡単だがどうにもならない仮説を徹底的に批判したものです。彼は失語症の研究を四年もやりまして、失語症というのは記憶の障害でしょう、その記憶の障害と脳の機構の障害はどう関係するか、それをしらべた。すると、両者の関係は密接だが決してパラレルではないということが実証できた。

岡　それはえらいな。医学は脳細胞によって記憶は説明できるとしか思わない。ところが、そうじゃないらしい。

小林　それをどういうことからベルグソンがやったかといいますと、一方、精神の現象を極度に単純化して、単語の記憶、もっと単純化して音の記憶を得る。一方、物質のほうは極度に微妙な細胞をとる。そして両者の接触を観察する。そのために失語症の病理学を利用したわけです。それで失語症の種類を全部綿密に調べていくんです。そうすると脳というものは、たとえばオーケストラのタクト*みたいなものだということがわかってくるのです。記憶というオーケストラは鳴っているんですが、タクトは細胞が振るのです。脳がつかさどるものはただ運動です。いままでの失語症の臨床では記憶自体がそこなわれると考えたのですが、ベルグソンの証明で、タクトの運動が不可能になるのです。記憶は健全にあるのです。失語症とは記憶を運動にする機構の障害、それは物質的障害であって精神的障害ではないのです。そうすると記憶と脳との関係は、パラレルではなくなるのです。そういう証明です。

岡　そうですか。そんなことを言っているフランス人があったのですか。

小林　実証的な部分は、ほんの半分で、後の半分は*メタフィジックになるのですが、サイエンスとメタフィジックがどうしても結びつかないと、全体的な考えというものはないという見事な実例とも思えます。その点でも予言的な本とも思われます。

批評の極意

岡　*プラトンをお好きで、ずいぶんお読みになったようですね。

小林　好きなんですが、ただ漫然と読むので。好きな理由は、たいへん簡単なことなのでして。あれ、哲学の専門書じゃないからです。専門語なんてひとつもありません。定義を知らないものにはわからないという不便がないからです。こちらが頭をはっきりと保って、あの人の言うなりになっていれば、予備知識なしに、物事をとことんまで考えさせてくれるからです。材料は具体的で豊富ですし。プラトンという人は、政治にたいへん関心をもっていた。*最後に書いたものは政治論です。政治はみんなが一緒に生きる道ですから、いちばん大事な問題で、最後に書いたのですが、プラトンは政治をよくしたわけでもありません。しかし、あの人は*政治の実際の苦労もした人ですから、政治論は経験談なのです。だから、全く具体的です。将来の計画とか空想とかから政治を論ずるという、今日の政治理論の最大の弱点が全くない。じつに日常的で人間的なところがよいのです。

私は沢山の根本的な考えを教えられました。イデオロギーという、政治につきものの、全くニュアンスを欠いた思想が、ニュアンスだけで出来ているような現実の人間に当てはまるはずはない。だから、人間のかわりに集団の力というようなものを対象とせざるを得ない。プラトンの政治論は、人の心のむつかしさ、即《すなわ》ち政治のむつかしさだという大地に立っている様子があります。だから、プラトンの政治論は、人間の教育、特に人間の自己教育とはなすことが出来ない。やはり、もういっぺん立ちかえってみるべき地点ではないでしょうか。まず望ましい政治理論なり政治形態なりを考え、これに準じて人間のほうを計るという考え方は、政治も人間も毒してしまうのではないでしょうか。そういう考え方の先は、もう見えているような気がします。プラトンをよく理解したとは思いませんが、キリスト教以前で、なにかさっぱりしたものがあって、人間が合理的に考えるあけぼのみたいなものであって、そこがいいのかも知れない。しかし西洋人の自分の故郷という感じはとてもわかりません。「論語」*には、私たちが皮膚でわかるというところが沢山ありますが、「国家」*はそうはいきません。

岡 無明ということを言っていないのはギリシャ人だけです。ギリシャ人は、人は理想が大事だといっているようにきこえる。理想というのは無明をこえた真の自分の心です。しかしアテネには、人の心の自由と、小さなほしいままの心とをはきちがえたところがあって、それがアテネの滅ぶ原因になっていると思います。それがやはり政治にもあらわれていると思います。だから政治を実際におこなうには、テクニックがいるということは正しいが、それが政治の内容であってはならないと思います。

小林 おっしゃることはだいたいわかる。

岡　ギリシャには、小我を自分と思っているが、それが間違いであるという思想はないのです。しかし肉体的な健康にはかないません。日本人には真似《まね》できないものです。私は日本人の長所の一つは、時勢に合わない話ですが、「神風」*のごとく死ねることだと思います。あれができる民族でなければ、世界の滅亡を防ぎとめることはできないとまで思うのです。あれは小我を去ればできる。小我を自分だと思っている限り決してできない。「神風」で死んだ若人たちの全部とは申しませんが、死を恐れない、死*を見ること帰するがごとしという死に方で死んだと思います。欧米人にはできない。欧米人は小我を自分だとしか思えない。いつも無明がはたらいているから、真の無差別智、つまり純粋直観がはたらかない。従って、ほんとうに目が見えるということはない。欧米人の特徴は、目は見えないが、からだを使うことができる。西洋音楽の指揮者をテレビで見ておりますと、目をふさいで手を振っている、あれが特徴ですね。欧米人の特徴は運動体系にある。いま人類は目を閉じて、からだはむやみに動きまわっているという有様です。いつ谷底へ落ちるかわからない。

小林　あなた、そんなに日本主義ですか。

岡　純粋の日本人です。いま日本がすべきことは、からだを動かさず、じっと坐《すわ》りこんで、目を開いて何もしないことだと思うのです。日本人がその役割をやらなければだれもやれない。これのできるのは、いざとなったら神風特攻隊のごとく死ねる民族だけです。そのために日本の民族が用意されている。そう思っているのですが、あまり反対の方へ進むので、これはもういっぺんやり直せということかと思わざるをえない。

小林　特攻隊のお話もぼくにはよくわかります。特攻隊というと、批評家はたいへん観念的に批評しますね、悪い政治の犠牲者という公式を使って。特攻隊で飛び立つときの青年の心持になってみるという想像力は省略するのです。その人の身になってみるというのが、実は批評の極意ですがね。

岡　極意というのは簡単なことですな。

小林　ええ、簡単といえば簡単なのですが。高みにいて、なんとかかんとかいう言葉はいくらでもありますが、その人の身になってみたら、だいたい言葉がないのです。いったんそこまで行って、なんとかして言葉をみつけるというのが批評なのです。

岡　そうですね。批評というのは、これは悪いということは言えても……。

小林　ええ。

岡　これはいいということも言えないし、どんなふうにいいということも言えない。

小林　そういうところを経験してから、批評をはじめるということ、経験しないうちに批評的言葉が口に出てしまうというのとは、瑣細《ささい》なことから天地雲泥《うんでい》の相違になって行きます。

岡　欧米人には、帰するがごとしという死に方はできないのです。

小林　どうしてそれをお悟りになったのですか。

岡　私は数え年五つのときから中学四年のときに祖父が死ぬまで、他を先にして自分を後にせよというただ一つの戒律を、祖父から厳重に守らされたのです。それからのち数学をやっておりますが、数学の研究に没頭しておりますときは、自分のからだ、感情、意欲という意識は全くないのです。もう一つ、私は満州事変*のときにフランス*におりましたが、そのとき日本にたいする非難が強くて、外国人からいろいろ議論を吹きかけられました。どうにも答えられない。日本からくる新聞には見出しだけに日本の理由が書いてあるだけです。なんとも答えられない。いったい日本はどうなっていくのだろうと思いはじめた。それからあと日本は心配なほうへ心配なほうへと歩き続けて、いまなおそれをやめない。それがもう三十年あまり続いております。そのため私のいちばんの関心は、日本が心配だということにあって、小さな自分がどうこうということにはない。多分こういう理由で私は小我をはなれていると思っています。そういうなかで悟りつつあるように思うのです。しかし私の祖父のような家庭教育が私たちのころにあったということは、そのころ全体にこういう傾向があったということかもしれないと思いますね。死をみること帰するということは、なつかしいから帰るという意味です。

小林　よくわかります。特攻隊というような異常事件に関しなくても、私たちの、日本人の日常生活のうちに、その思想はある。ぼくの友だちの*永井龍男という小説家が、このあいだ「*青梅雨《あおつゆ》」という小説を書いたのです。これは一家心中のことを書いたものです。冒頭に、老夫婦、養女、義姉が一家心中したという新聞報道が出ておりまして、それからが彼のイマジネーションなんです。*カルモチンを飲んで死ぬ、その晩の話を書いている。お湯にはいり、浴衣《ゆかた》に着かえて、新しい足袋をはいて、親父は一杯つけて、普通の話をしている。最後に養女が、だけどお父さん、きょう死ぬということをお婆さんも姉さんも一言も言いませんでしたよ、あたしえらいと思ったわ、といってちょっと泣くのです。その泣いたところが、今夜のこの家でふさわしくないただ一つの情景であったと書いている。そして最後にまた新聞記者の、じつに軽薄な会話がちょいと出る。私はこの小説に感心したのですが、これはモウパッサン*にもチエホフ*にもないものです。日本人だけが書ける小説なのです。心理描写もなければ、理窟《りくつ》も何も書いていない。しかし日本人にはわかるのです。

岡　うかがっただけでも、感心しました。そういう小説があるのですか。

小林　ええ。こういう小説は、たしかに西洋人にはわかりにくい。これを、死を見ること帰するがごとしというのでしょうが、この言葉は誤解されやすい。西洋かぶれが、よく日本人には宗教心がないということを言いますが、そんなことを軽々しく言ってはいけないと思う。

岡　意味を知らないのです。

素読教育の必要

小林　話が違いますが、岡さん、どこかで、あなたは寺子屋式の素読《そどく》をやれとおっしゃっていましたね。一見、極端なばかばかしいようなことですが、やはりたいへん本当な思想があるのを感じました。

岡　私自身の経験はないのですが、ただ一つのことは、開立《かいりゅう》の九九を、中学二年くらいだった兄が宿題で繰り返し繰り返し唱えていた。私は一緒に寝ていて、眠いまま子守唄のように聞き流していたのです。ところがあくる日起きたら、九九を全部言えたのです。以来忘れたこともない。これほど記憶力がはたらいている時期だから、字をおぼえさせたり、文章を読ませたり、大いにするといいと思いました。

小林　そうですね。ものをおぼえるある時期には、なんの苦労もないのです。

岡　あの時期は、おぼえざるを得ないらしい。出会うものみなおぼえてしまうらしい。

小林　昔は、その時期をねらって、素読が行われた。だれでも苦もなく古典を覚えてしまった。これが、本当に教育上にどういう意味をもたらしたかということを考えてみる必要はあると思うのです。素読教育を復活させることは出来ない。そんなことはわかりきったことだが、それが実際、どのような意味と実効とを持っていたかを考えてみるべきだと思うのです。それを昔は、暗記強制教育だったと、簡単に考えるのは、悪い合理主義ですね。「論語」を簡単に暗記してしまう。暗記するだけで意味がわからなければ、無意味なことだと言うが、それでは「論語」の意味とはなんでしょう。それは人により年齢により、さまざまな意味にとれるものでしょう。一生かかったってわからない意味さえ含んでいるかも知れない。それなら意味を教えることは、実に曖昧《あいまい》な教育だとわかるでしょう。丸暗記させる教育だけが、はっきりした教育です。そんなことを言うと、逆説*を弄《ろう》すると取るかも知れないが、私はここに今の教育法がいちばん忘れている真実があると思っているのです。「論語」はまずなにを措《お》いても、「万葉」の歌と同じように意味を孕《はら》んだ「すがた」なのです。古典はみんな動かせない「すがた」です。その「すがた」に親しませるという大事なことを素読教育が果たしたと考えればよい。「すがた」には親しませるということが出来るだけで、「すがた」を理解させることは出来ない。とすれば、

「すがた」教育の方法は、素読的方法以外には理論上ないはずなのです。実際問題としてこの方法が困難となったとしても、原理的にはこの方法の線からはずれることは出来ないはずなんです。私が考えてほしいと思うのはその点なんです。古典の現代語訳というものの便利有効は否定しないが、その裏にはいつも逆の素読的方法が存するということを忘れてはいけないと思う。古典の鑑賞法という種の本を読んでみても、鑑賞ということは形式で、内容は現代語訳的な行き方をしているものが多いと思っているのです。

やかましい国語問題というものの根本にも同じことがあります。*福田恆存《つねあり》君なんかが苦労してもなかなかうまくいかない。私なんか運動というようなものは甲《か》斐性《いしょう》がなくて一向だめでお役に立たないが、問題の中心部は大変よく感ずる。国語伝統というものは一つの「すがた」だということは、文学者には常識です。この常識の内容は愛情なのです。福田君は愛情から出発しているのです。ところが国語審議会の精神は、その名がいかにもよく象徴しているように、国語を審議しようという心構えなのです。そこに食いちがいがある。愛情を持たずに文化を審議するのは、悪い風潮だと思います。愛情には理性が持てるが、理性には愛情は行使できない。そういうものではないでしょうか。

岡　理性というのは、対立的、機械的に働かすことしかできませんし、知っているものから順々に知らぬものに及ぶという働き方しかできません。本当の心が理性を道具として使えば、正しい使い方だと思います。われわれの目で見ては、自他の対立が順々にしかわからない。ところが知らないものを知るには、飛躍的にしかわからない。ですから知るためには捨てよというのはまことに正しい言い方です。理性は捨てることを肯《がえん》じない。理性はまったく純粋な意味で知らないものを知ることはできない。つまり理性のなかを泳いでいる魚は、自分が泳いでいるということがわからない。

小林　お説の通りだと思います。

昭和四〇年（一九六五）一〇月、「新潮」掲載。

注解

ページ

九 *大文字の山焼き 毎年八月一六日（往時は陰暦七月一六日）の夜、盂蘭盆《うらぼん》の行事として京都如意《にょい》ヶ岳《だけ》の西の中腹で大の字の形に焚《た》かれる篝火《かがりび》。左大文字（大北山）や船形（西賀茂船山）なども焚かれる。なお、正しくは「大文字の送り火」という。

一一 *岡さんは書いて… 随筆集「春宵《しゅんしょう》十話」（一五〇頁参照）所収の「義務教育私話」に書かれている。

一二 *ピカソ Pablo Picasso スペインの画家。一八八一年生れ。この年八四歳。「青の時代」を経て抽象絵画に取り組む。作品に「アヴィニョンの娘たち」「ゲルニカ」など。一九七三年没。岡潔のピカソについての言及は、随筆集「春風夏雨」（昭和四〇年刊）〈無明〉に出る。

一三 *釈迦 仏教の開祖。ゴータマ・シッダルタ。釈迦牟尼《しゃかむに》。紀元前六〜五世紀頃の人。三五歳で悟りを得、八〇歳で入滅、と伝えられる。

*孔子 中国古代の思想家。前五五一〜前四七九年。儒家の祖。その人柄と思想は言行録「論語」によって伝えられている。

*小我 我執にとらわれた自我。

一四　＊**七十にして矩を踰えず**　七〇歳になって、思うままに振舞っても規準を外れなくなった、の意。「論語」〈為政篇〉に出る。

＊**漱石**　夏目漱石。小説家。慶応三〜大正五年（一八六七〜一九一六）。

＊**芥川**　芥川龍之介。小説家。明治二五〜昭和二年（一八九二〜一九二七）。

＊**ギリシャは東洋の…**　芥川龍之介の「文芸的な、余りに文芸的な」〈三一「西洋の呼び声」〉にこの趣旨の言葉がある。

＊**ミロのヴィナス**　古代ギリシャ・ヘレニズム期の彫刻。一八二〇年、ミロ（メロス）島で発見され、現在はパリのルーヴル美術館蔵。

一五　＊**良寛**　江戸後期の禅僧、歌人。宝暦八〜天保二年（一七五八〜一八三一）。

＊**君子**　真理に明るく、徳をそなえた人。

＊**小人**　真理にくらく、徳の少ない人。

＊**アビリティ**　ability（英）　能力、力量。

一六　＊**フローベル**　Gustave Flaubert　フランスの小説家。一八二一〜一八八〇年。フロベール。作品に「ボヴァリー夫人」「感情教育」など。

＊**坂本繁二郎**　洋画家。明治一五年（一八八二）福岡県生れ。思索的・哲学的画風で知られる。作品に「うすれ日」「放牧三馬」など。昭和四四年（一九六九）没。

＊**高村光太郎**　詩人、彫刻家。明治一六〜昭和三一年（一八八三〜一九五六）。彫刻に「手」「裸婦座像」など。

一七　*地主悌助　洋画家。明治二三年山形県生れ。作品に「石」「大根」など。昭和五〇年没。
一八　*鬆　大根・ごぼうなどの内部にできるすき間。
*奈良の博物館　奈良国立博物館。奈良公園の中にある。明治二八年（一八九五）開館。
*正倉院　第四五代聖武天皇の崩御後、東大寺に寄進された遺愛の品々を収めるため、大仏殿の西北に建てられた校倉《あぜくら》および板倉造りの三棟の宝庫。
二〇　*菊正　「菊正宗」の略。日本酒の銘柄。
*白鷹　日本酒の銘柄。
二一　*中共　ここは「中華人民共和国」の略、すなわち中国のこと。
二二　*灘　兵庫県の南東部、大阪湾北岸の海岸地帯。江戸時代から日本酒の醸造地として知られ、醸造会社の白鷹は兵庫県西宮市にある。
*鉄斎さん　富岡鉄斎。南画家。天保七〜大正一三年（一八三六〜一九二四）。日本の文人画の代表的作家の一人。
二三　*ソヴェット　Sovet　ソヴィエト社会主義共和国連邦。ソ連。一九九一年に解体する。
*ウォトカ　vodka（露）　ウォッカ。蒸留酒。
*コンミュニスム　communisme（仏）　共産主義。
二四　*春宵十話　岡潔の随筆。昭和三七年（一九六二）四月一五〜二六日、『毎日新聞』に連載され、翌三八年二月、毎日新聞社から単行本として刊行された。
二五　*ポアンカレ　Henri Poincaré　フランスの数学者、物理学者。一八五四〜一九一二年。

位相幾何学などを研究し、実証主義の立場から科学方法論の批判を展開した。著作に「科学と仮説」など。

***エルミート** Charles Hermite フランスの数学者。一八二二〜一九〇一年。業績は整数論・方程式論・関数論など多岐にわたり、特に五次の代数方程式の解法や自然対数の底eが超越数（有理数による代数方程式の解で表せない数）であることの証明で知られる。

二九 ＊**畢竟** つまるところ、結局。

＊**マスター・コース** 修士課程。

三〇 ＊**秀吉** 豊臣秀吉。天文五〜慶長三年（一五三六〜一五九八）。中国、明への進出を図り、文禄一年（一五九二）朝鮮へ出兵、慶長二年（一五九七）再び出兵した。

三三 ＊**水爆** 「水素爆弾」の略。原子爆弾（一五四頁参照）の起爆による重水素の原子核融合反応を利用した核兵器。

三四 ＊**バッハ** Johann Sebastian Bach ドイツの作曲家。一六八五〜一七五〇年。

三五 ＊**アインシュタイン** Albert Einstein ドイツ生れのユダヤ人物理学者。一八七九〜一九五五年。一九〇五年、「特殊相対性理論」を、一九一五年、「一般相対性理論」を提唱した。一五三頁参照。

＊**ベルグソン** Henri Bergson フランスの哲学者。一八五九〜一九四一年。ベルクソン。直観主義の立場から近代の自然科学的世界観を批判した。著書に「物質と記憶」「創造

的進化」など。

三六　＊**持続と同時性**　Durée et Simultanéité　一九二二年に出版された。

＊**絶版**　一九三一年の第六版以後の再版を禁止し、絶版とした。

三七　＊**四次元の世界**　「次元」は数学で空間のひろがりの度合を表す数。アインシュタインは空間の三次元に時間の一次元を合せて四次元という理論を展開した。

＊**ニュートン**　Isaac Newton　イギリスの物理学者、天文学者、数学者。一六四二〜一七二七年。著書に「プリンキピア（自然哲学の数学的原理）」等。

三八　＊**波動力学**　電子が光と同様に波動性を持つものとして、その性質を研究する学問。フランスの理論物理学者ド・ブロイ（一五六頁参照）の波動説を発展させて、一九二六年、オーストリアの理論物理学者シュレーディンガー（一八八七〜一九六一）が確立した。

＊**範疇**　ここでは分野、領域の意。

＊**エキザンプル**　example（英）　例。実例。

四一　＊**集合論**　数学の一分野。一つのものが、ある条件を満たすかどうか区別することを基本として、集合（グループ）を決定する。その集合の性質を研究する学問。一八八三年、ドイツの数学者カントル（一八四五〜一九一八）が創始した。

＊**メヒティヒカイト**　Mächtigkeit（独）　数学用語としては数量の大きさをいう語。ここは集合論における「濃度」のことがいわれている。要素が無限にある集合では、集合の大きさを、その要素の数ではなく「濃度」で表現する。たとえば「整数の集合」は「偶

数の集合」の二倍の濃度という。

＊**アレフニュル**　alephnull　無限集合で最も要素の数の少ない「自然数の集合」の濃度をいい、「$\aleph_0$」で表す。「アレフ」は無限集合の濃度（ヘブライ文字「$\aleph$」で表記）、「ニュル」はゼロの意。

＊**コンティニュイティ**　continuity（英）　連続性。

＊**連続体のアレフ**　無限集合の濃度を低い順に並べた時にできる序列。ここは、この連続が、点在しながらの連続性なのか、なめらかな連続なのかが問題とされたことをいう。

四二　＊**マッハボーイ**　岡潔の造語で「マッハ族」から転じた語。無茶なことをする若者、くらいの意。ここはアメリカの数学者ポール・コーヘン Paul Cohen（一九三四〜二〇〇七）をさす。コーヘンは、この対談の二年前の一九六三年、相反する二つの仮定に矛盾が無いことを示していた。

四六　＊**形而上学**　哲学の一部門。事物や現象の本質あるいは存在の根本原理を、思惟《しい》や直観によって探求しようとする学問。

＊**一般相対性原理**　一九一五年にアインシュタイン（一五一頁参照）が、特殊相対性理論を一般化して、すべての座標系においても基本法則が成り立つとした。

＊**特殊相対性原理**　一九〇五年にアインシュタインが発表した原理。それまでの古典力学の矛盾点を、時間は、観測者の立つ座標系によって異なり、質量はエネルギーに変換できるといった、新しい概念の導入で解決した。

四七 *ベドイトゥング Bedeutung ドイツ語。

四八 *考えるヒント 小林秀雄の随想シリーズをふまえていわれている。昭和三四年（一九五九）六月から三九年六月にかけて『文藝春秋』に連載し、単行本は昭和三九年五月、文藝春秋新社から刊行された。

四九 *進化論 生物は、単純な形から次第に現在の形に変化したという自然観。イギリスの博物学者ダーウィン（一八〇九〜一八八二）によって提唱された。

*コッホ Robert Koch ドイツの細菌学者。一八四三〜一九一〇年。一八八二年、結核菌を発見、八三年、コレラの病原菌を特定し、分離培養に成功した。

*第一次世界大戦 一九一四〜一八年。ドイツ・オーストリア・トルコ・ブルガリアと、ロシア・フランス・イギリス・イタリアなどの世界列強間で戦われ、ドイツ側の敗北で終結した。

*原子爆弾 ウランやプルトニウムなどの原子核の分裂の連鎖反応によって瞬間的に大量のエネルギーを出す爆弾。昭和二〇年（一九四五）八月六日、広島に、同九日、長崎に投下された。

五〇 *木馬 ここは跳箱。

五一 *アウグスチヌス Aurelius Augustinus 古代ローマのキリスト教会の教父。三五四〜四三〇年。中世の神学体系や近世の主観主義の源となった。著作に「三位一体論」など。

*コンフェッション Confessiones アウグスチヌスの思想的遍歴と回心の記録。三九七

～四〇〇年頃の作とされる。言及の言葉は〈第一一巻第一四章〉に出る。

五二 ＊**デカルト** René Descartes フランスの哲学者、数学者、科学者。一五九六～一六五〇年。著作に「方法序説」「哲学原理」「省察」「情念論」など。

五三 ＊**否定したのです** 光は無限大の速度を持つとしたニュートン力学（古典力学）の極限世界における矛盾を、アインシュタインが光の速度を確定し、空間と時間の相関的変化の概念を導入することで解決したことをいっている。

＊**公理** 論証がなくても真と認められ、無条件に前提とされる命題。

五四 ＊**ユークリッド幾何** 古代ギリシャの数学者エウクレイデス（英語名ユークリッド）が、紀元前三〇〇年ころ完成した幾何学。「幾何学原本」にまとめられている。

五六 ＊**ウラン鉱** ウラン uranium は原子番号九二の放射性元素。放射線放出を繰り返し鉛となる。その際、膨大なエネルギーを放出するため発電に利用される。

五七 ＊**ニュートン力学** 原子や素粒子など、微粒子の世界で起る力学的法則を扱う以前の、微細な粒子の変化は無視できるほどのスケール（規模）の物体の運動に関する物理学。ニュートンによって導入された力や質量とそれが継続される時間の概念を根本原理としていた。

六〇 ＊**量子** 振仮名の「カンタ」はラテン語から派生したフランス語、quanta。quantum の複数形。

＊**ルラティヴィスト** relativiste（仏） 相対論者。

六一 *ド・ブロイ Louis de Broglie フランスの理論物理学者。一八九二年生れ。光と電子の性質の解析に、波動性の概念を導入し、粒子性と波動性とを融合させた。一九八七年没。

*ボルン Max Born イギリスの理論物理学者。一八八二年ドイツ生れ。行列力学を定式化し、波動関数に確率の概念を導入した。一九七〇年没。

六二 *ハイゼンベルグの原理 一九二七年、ドイツの理論物理学者ハイゼンベルク Werner Heisenberg（一九〇一〜一九七六）が提唱した原理。量子力学的世界では、観測行為自体が観測の対象である微粒子の状態に影響を与えるため、その運動量と位置は同時に確定できない、したがってそれらは確率論的に表現せざるを得ないという原理。不確定性原理。

*フェーブル faible（仏） 弱い、無力な。

*ラショナリティ rationality（英） 合理性。

*要約 一九一一年、イギリスのオクスフォード大学で行った講演「変化の知覚」のこと。論文集「思想と動くもの」（一九三四）に収録した。

六三 *モチーフ motif（仏） 動機。

*アインシュタインが日本に… 大正一一年（一九二二）一一月一七日から一二月二九日まで滞在した。

*一高 第一高等学校。小林秀雄は大正一〇年（一九二一）四月（一八歳）、東京の旧制第一高等学校に入学、一四年三月（二二歳）に卒業した。

六五　＊新式の唯物論哲学　マルクス主義の弁証法的唯物論《ゆいぶつろん》のこと。マルクス主義は一九世紀半ばにマルクスとエンゲルスが創始した哲学・社会思想上の立場。弁証法的唯物論に立って階級闘争と革命の道を主張する。マルクス Karl Heinrich Marx はドイツの哲学者、経済学者、革命家、一八一八〜一八八三年。エンゲルス Friedrich Engels もドイツの哲学者、経済学者、革命家、一八二〇〜一八九五年。

＊書きましたが…　小林秀雄は昭和三三年（一九五八）五月から三八年六月まで、『新潮』に「感想」と題するベルグソン論を連載したが未完に終った。

六六　＊エントロピー　entropy（英）　物体が秩序のある状態から無秩序に向かっていく傾向を量として表したもの。たとえば自然界では閉鎖的環境で温度や物質濃度に高低・濃淡の差がある状態は、やがてその差を失い均衡状態に達する。これを熱力学第二法則では、「孤立系ではエントロピーが増大する」という。

＊デグレード　degrade（英）　下落する意。ここでは、エネルギーのレヴェルが下がっていくことをいう。

六七　＊釈尊　釈迦牟尼《しゃかむに》の尊称。ゴータマ・シッダルタ。一四八頁参照。

＊諸法無我　この世の事物は因縁によって生じているだけで、その存在を根拠づける我というものは存在しない、の意。「諸法」はあらゆる事物、「我」はそれら事物の根底にある永遠不変の本質。なお仏教用語としての「我」には人間の個体全体の意、そして「無我」にはその「我」にとらわれず離れる、の意もある。

七一　*個人主義　国家・社会・特定階級などの集団より個人の存在を優先し、価値を上位におく考え方。

七二　*前頭葉　大脳の中心溝より前の部分。思考・創造などの精神作用に関わっている。

七三　*鷗外　森鷗外。小説家。文久二〜大正一一年（一八六二〜一九二二）。

七四　*骨董屋　骨董商、青山義高のこと。明治二八年（一八九五）東京生れ。昭和三九年（一九六四）一二月二九日死去。

*李朝　朝鮮の最後の王朝。一三九二〜一九一〇年。ここはその李朝時代に焼かれた陶磁器の意。

七六　*芭蕉　松尾芭蕉。江戸前期の俳人。寛永二一〜元禄七年（一六四四〜一六九四）。

*都々逸　俗曲の一つ。七・七・七・五調の歌詞を即興で作って歌う。多くは男女の情を題材にする。

*柳橋　江戸時代から栄えた花街。現在の東京都台東区の隅田川沿いにある。

*ゴッホ　Vincent van Gogh　オランダ生れの画家。一八五三〜一八九〇年。作品に「ひまわり」「烏《からす》のいる麦畑」など。

*書いたことが…　「ゴッホの手紙」のことをいっている。昭和二三年一二月から二七年二月にかけて、『文体』『芸術新潮』に連載、昭和二七年六月、新潮社から刊行した。

七八　*複製　小林秀雄は昭和二二年三月、東京都美術館で開催された「泰西名画展覧会」でゴッホの作品「烏のいる麦畑」の複製画と出会い、「愕然《がくぜん》とし」て「その前にしゃがみ込んだ」と「ゴッホの手紙」に書いている。

***ゴッホの生誕百年祭**　一九五三年（昭和二八）、アムステルダムの市立美術館、オッテルロのクレラー・ミュラー美術館、ハーグの市立博物館で展覧会や記念講演会が開催された。

***アムステルダム**　Amsterdam　オランダ王国の首都。

七九　***ドガ**　Edgar Degas　フランスの画家。一八三四～一九一七年。作品に「三人の踊り子」など。

***ミレー**　Jean-François Millet　フランスの画家。一八一四～一八七五年。作品に「落穂拾い」「晩鐘」「種をまく人」など。

***ゴーギャン**　Paul Gauguin　フランスの画家。一八四八～一九〇三年。ゴーガン。作品に「タヒチの女」など。

***猿股**　腰から股までを覆《おお》う男性用の下着。

八〇　***アンプレッショニスム**　impressionnisme（仏）　印象主義。一九世紀半ば、絵画を中心にフランスで興《おこ》った芸術運動。感覚的・主観的印象を、そのまま表現しようとした。モネ、ルノワールなどがその代表。

***弟**　ゴッホの四歳違いの弟テオのこと。一八五七～一八九一年。ゴッホの手紙のほとんどは、この弟宛《あて》に書かれた。

***モネー**　Claude Monet　フランスの画家。一八四〇～一九二六年。モネ。印象主義の

呼称はモネの作品「印象―日の出」に由来する。他に「睡蓮《すいれん》」など。

八一 *自分で自分の耳を… 一八八八年一二月、ゴッホはアルルで共同生活をしていたゴーガンに剃刀《かみそり》で切りかかり、その後、自分の左耳の一部を切断した。

八二 *本居宣長 小林秀雄は昭和四〇年（一九六五）六月から、『新潮』に「本居宣長」を連載していた。本居宣長は江戸中期の国学者。享保一五～享和一年（一七三〇～一八〇一）。著作に「紫文要領」「石上私淑言《いそのかみささめごと》」「古事記伝」「玉勝間《たまかつま》」などがある。

八三 *坪内逍遥 小説家、劇作家、評論家、翻訳家。安政六～昭和一〇年（一八五九～一九三五）。その著「小説神髄」〈上巻・小説の主眼〉に、本居宣長の「源氏物語玉小櫛《たまのおぐし》」を引用して称揚した。

*平田篤胤 江戸後期の国学者。安永五～天保一四年（一七七六～一八四三）。本居宣長の没後にその門人となった。著作に「古史徴」「古道大意」など。

*イデオロギー Ideologie（独） 特定の社会や集団の立場に規定・制約された考え方。

八四 *ドストエフスキー Fyodor Mikhailovich Dostoevskii ロシアの小説家。一八二一～一八八一年。作品に「罪と罰」「白痴」「悪霊」「カラマーゾフの兄弟」など。

*白痴 Idiot ドストエフスキーの長篇小説。欲と欲とがぶつかり、愛と憎しみが渦を巻く一九世紀半ばのロシア、その現実へ、かぎりなく善良で純粋無垢《むく》、真実美しい人間、青年公爵《こうしゃく》ムイシュキンが降り立つ…。岡潔の「白痴」への言及は、随想集「風蘭」（昭和三九年刊）〈三・いのち（二）ドストエフスキー〉などに出る。

*最近、「白痴」を…　小林秀雄は昭和三九年（一九六四）五月、角川書店から『『白痴』について』を刊行、『『白痴』についてⅡ』を収録し、第九章を加筆した。次頁『『白痴』について』参照。

八七　*トルストイ　Lev Nikolaevich Tolstoi　ロシアの小説家、思想家。一八二八～一九一〇年。作品に『戦争と平和』『アンナ・カレーニナ』『復活』など。

*野垂れ死　一九一〇年一〇月二八日、八二歳のトルストイは侍医を伴って家出、途中、肺炎に罹《かか》って一一月七日、リャザン＝ウラル線のアスターポヴォ駅（現在のレフ・トルストイ駅）の駅長官舎の一室で死去した。

八八　*カラマゾフの兄弟　Brat'ya Karamazovy　ドストエフスキーの長篇小説。一九世紀半ばのロシアに生きる、カラマーゾフ四兄弟の愛と欲と信仰の葛藤《かっとう》、そこに起る父親殺しとその裁判。作者終生のテーマ、〈神と人間〉の集大成が図られる。

*リーマン　Georg Friedrich Bernhard Riemann　ドイツの数学者。一八二六～一八六六年。球面上の幾何学を発展させ、非ユークリッド幾何学、楕円《だえん》関数論などを研究した。

*徳冨蘆花　小説家。明治元～昭和二年（一八六八～一九二七）。作品に『不如帰《ほととぎす》』『思出の記』など。明治三九年四月、日本を発《た》ってトルストイを訪ね、同年一二月、『順礼紀行』として発表した。

*アンナ・カレーニナ　Anna Karenina　トルストイの小説。社会の因襲に抗《あらが》い、道ならぬ恋に走るが、結局は鉄道自殺を選ぶしかなかった貴族の女性の悲劇を描く。

八九 *コサック Kazaki トルストイの小説。士官候補生としてカフカスの戦地へ赴いた青年貴族オレーニンが、山の自然とコサックたちとの交流を通して精神的に変貌《へんぼう》してゆくさまを描く。

九〇 *『白痴』について 「『白痴』についてⅡ」のこと。昭和二七年(一九五二)五月から二八年一月にかけて『中央公論』に八回連載、その最後に「前編終り」と記し、二七年一二月二五日からヨーロッパ旅行に出かけた。帰国は二八年七月。

*トルソ torso(伊) 頭と手足を持たない胴体だけの彫像、あるいは上半身像。

*シェイクスピア William Shakespeare イギリスの劇作家、詩人。一五六四〜一六一六年。悲劇「ハムレット」「マクベス」、史劇「リチャード三世」、喜劇「ヴェニスの商人」など。

九二 *ロバチェフスキー Nikolai Ivanovich Lobachevskii ロシアの数学者。一七九三〜一八五六年。ユークリッド幾何学(一五五頁参照)の平行線の公理を否定する概念を導入した。

*もう一人 ハンガリーの数学者ヤーノシュ・ボーヤイ János Bolyai(一八〇二〜一八六〇)。ロバチェフスキーとは独立に、非ユークリッド幾何学を創始した。

九三 *ジイド André Gide フランスの小説家、評論家。一八六九〜一九五一年。小説に「狭き門」「贋金《にせがね》つかい」など。

九四 *懺悔録 Ispoved' トルストイが五〇代にかかって著した回心の書。人生いかに生きるべきかをずっと問い続けてきたなかで、既存の科学、哲学、芸術、宗教がにわかに色あせて見え、額に汗して自らの生活を創造する民衆とその宗教に救いを見出《みいだ》し、新たな神の探求へと向かうまでを告白する。

＊**猪武者**　がむしゃらに突進するだけの武士。

九五

＊**言っています**　ドストエフスキーは個人雑誌「作家の日記」一八七七年二月号および七・八月号において、主として神や信仰について悩む登場人物レーヴィンを焦点に据えた「アンナ・カレーニナ」論を展開している。

＊**政治犯**　ドストエフスキーは一八四七年、社会主義思想研究サークルのペトラシェフスキー会に参加、二七歳の四九年四月、同志三三人とともに逮捕され、銃殺刑執行寸前に特赦されてシベリアのオムスク監獄に送られた。

＊**ムイシキン公爵**　「白痴」の主人公。ムイシュキン。

＊**ゾシマ長老**　「カラマーゾフの兄弟」の登場人物。年老いた修道僧。僧院で愛の教えを説き、多くの少年に慕われている。

＊**アリョーシャ**　「カラマーゾフの兄弟」の主人公の一人。三男、アレクセイ。

九六

＊**メシア**　Messiah（ヘブライ語）　救世主。元来は古代ユダヤ教における民族の救世主。キリスト教ではイエスが人類の罪の救い主となる。

＊**ヴォルテール**　Voltaire　フランスの小説家、思想家。一六九四〜一七七八年。著作に「哲学書簡」、風刺小説「カンディード」など。

九七 *二人の孫悟空 「孫悟空」は中国明代の小説「西遊記」に出る怪猿。岡潔の随筆集「春風夏雨」〈無明〉で言われている。

*マドリッド Madrid スペインの首都。ここはそこにある国立美術館、プラド美術館をさしている。

*ゴヤ Francisco José de Goya y Lucientes スペインの画家。一七四六〜一八二八年。作品に「カルロス四世の家族」など。

*奥さんをかいている… ゴヤが妻ホセファ(一七四七〜一八一二)を描いたと推定されている油彩画。一七九五〜九八年頃の作。プラド美術館蔵。

九八 *残酷な絵 版画集「ロス・ディスパラーテス」(一八一六〜二四)、「わが子を喰らうサトゥルヌス」等を含む連作壁画「黒い絵」(一八二〇〜二三)など。

*ユング Carl Gustav Jung スイスの心理学者、精神医学者。一八七五〜一九六一年。著作に「無意識の心理学」など。

*ピカソについて… 小林秀雄の著書「近代絵画」のピカソの章をいっている。

九九 *レーベジェフ 「白痴」の登場人物。赤鼻であばた面《づら》、四〇歳の小役人。狡猾《こうかつ》な道化。

*イヴォールギン 「白痴」の登場人物。退役将軍と名乗っている。虚言癖のある大酒飲み。

*ラゴージン 「白痴」の登場人物。たくましい商人で、ムイシュキンとナスターシャを奪いあう。

一〇〇　＊ナスターシャ　「白痴」の登場人物。ムイシュキンとの結婚当日にラゴージンと逃げ、ペテルブルグのラゴージンの家で殺される。

一〇一　＊あしび　馬酔木。ツツジ科の常緑低木。あせび。

＊若いころ奈良に…　昭和三年（一九二八）三月、東京帝国大学を卒業し、その年の五月頃から翌年春まで関西を放浪、奈良に住んだ。

＊蘇我馬子の墓　「蘇我馬子」は飛鳥時代の豪族。生年不詳、推古三四年（六二六）没。敏達《びだつ》、用明、崇峻《すしゅん》、推古の四朝に仕え、「天皇記」の編纂《へんさん》に従事した。墓は奈良県明日香村の石舞台古墳とされる。

一〇二　＊古事記　日本の現存最古の歴史書。和銅五年（七一二）成立。神代から推古天皇までの系譜や事件等を記す。

＊日本書紀　日本最古の勅撰《ちょくせん》の史書。養老四年（七二〇）に完成。神代から持統天皇の代までを、漢文、編年体で記述する。

＊万葉集　日本における現存最古の歌集。五世紀の初めといわれる歌から八世紀半ばの歌まで、約三五〇年間の長歌・短歌等約四五〇〇首を収録する。

一〇五　＊截然と　はっきりと。

＊二十億年　現在では地球上の生物の発生は、三五～三八億年前と考えられている。

一〇八　＊涅槃　仏教用語で、煩悩《ぼんのう》を断ち切り、絶対的な平安の境地に到達した状態をいう。ここでは、煩悩が生じる前の状態を表すために使われている。

一〇九　*ヴィジョン　vision（英）　ここでは、想像力、洞察力によって思い描かれた像、イメージの意。

一一四　*クリエイト　create（英）　創造する、生み出す。

一一六　*ヴェトナム問題　ベトナムの独立と統一をめぐる紛争。一九六〇年に結成された南ベトナム解放民族戦線と政府軍の対立に、北ベトナムとアメリカ軍が支援する形で介入し、戦争に拡大した。

一一七　*家康　徳川家康。江戸幕府初代将軍。天文一一～元和二年（一五四二～一六一六）。

一一九　*沖縄　第二次世界大戦末期の昭和二〇年（一九四五）四月一日、沖縄本島で日米両軍の戦闘が始まり、六月二三日まで続いた。当時の島民約五〇万人、そのうち一〇万～一五万人が犠牲となった。

*神風　第二次大戦中の特攻隊の呼称。一六九頁参照。

一二一　*符牒　記号。

一二三　*イデー　idée（仏）　考え、着想、観念などの意。

一二五　*アナリシス　analysis（英）　分析、分解の意。数学用語としては解析学をいう。

*三角法　直角三角形の直角ではない角の一つの角度が決まると三辺相互の比が決まる関係をいう。三角関数。

*サイン函数　三角法で斜辺と直角ではない角（角度θ）と向かいあう辺の比をサインsineといい、$\sin\theta$で表す。

一二六　*コサイン函数　三角法で斜辺と直角ではない角（角度θ）をはさむ辺の比をコサイン cosine といい、$\cos\theta$ で表す。

*ファンクション　function　英語。

*根号　ある数の累乗根《るいじょうこん》を表す記号。平方根（二乗根）は√で表す。

*オペレーション　operation（英）　演算。

*アーベル　Niels Henrik Abel　ノルウェーの数学者。一八〇二〜一八二九年。五次以上の代数方程式は、一般に代数学的な演算だけでは解けないことを一八二三年に証明した。

一二七　*複素数　平方（二乗）してもマイナスになる数を含んだ数。この概念の導入によって実数（平方してプラスになる数）だけでは説明できなかった微分、積分上の性質が解明され、関数論が発展した。

*コーシーの定理　「コーシー」Augustin Louis Cauchy はフランスの数学者。一七八九〜一八五七年。変数が複素数の関数における一般定理を証明した。

一二八　*積分　二つのものの相互関係について、極端に短い区間とその区間での関係値の積を分析することによって、その相互関係を解析することをいう。

*クローズド・カーヴ　closed curve（英）　閉じた曲線。

一三〇　*如来　仏の尊称。

一三一　*側頭葉　大脳の側面部分。聴覚・言語・記憶などに関わっている。

*与謝野鉄幹　詩人、歌人。明治六〜昭和一〇年（一八七三〜一九三五）。

一三二　＊秋の日悲し…　明治三四年（一九〇一）の詩歌集「鉄幹子」に収録された「人を恋ふる歌」の第九連第三、四行。ただし、「土の色」は原文では「雲の色」。

＊不易流行　永遠の生命をもつ本質的なもの（不易）と、時代とともにたえず変化していくもの（流行）、の意。

一三三　＊アンプレッショニスム　impressionisme（仏）　印象主義。一五九頁参照。

一三四　＊仏説　仏教の教え。

＊物質と記憶　Matière et mémoire　一八九六年に刊行された。

一三五　＊パラレリスム　parallélisme（仏）　並行論。精神の現象と身体の現象との間に因果的な相互作用はなく、両者は並行的な対応関係をもっていると説く哲学・心理学上の立場。スピノザ、フェヒナーらがその代表。

＊タクト　Taktstock（独）　指揮棒。

一三六　＊メタフィジック　métaphysique（仏）　形而上学《けいじじょうがく》。哲学の一部門。事物や現象の本質あるいは存在の根本原理を、思惟や直観によって探求しようとする。

＊プラトン　Platon　古代ギリシャの哲学者。前四二七～前三四七年。著作に「饗宴《きょうえん》」「パイドン」「国家」「法律」など。

一三七　＊最後に書いたもの　「法律」のこと。プラトン七〇歳代の作品と考えられている。

＊政治の実際の苦労　前三六七～前三六六年と前三六一～前三六〇年の二度、六〇歳代のプラトンはシケリア島（シチリア島）の王族ディオンの招きでシケリア島に渡り、シュ

ラクサイの君主ディオニュシオス二世への教育を試みた。しかし政争に巻き込まれて挫《ざ》折《せつ》、監禁されるなどの苦難を経験した。

一三八　*論語　孔子とその弟子たちの言行録。孔子の人生観、政治・教育に対する意見などが述べられている。

*国家　Politeia　プラトンの著作の一つ。理想的国家、社会的正義を論じる。一〇巻。紀元前三七五年に成った。

一三九　*神風　第二次世界大戦末期に、日本の海軍航空隊が編成した特別部隊「神風特別攻撃隊」のこと。片道分の燃料を積み、敵艦隊に体当たり攻撃を敢行した。

*死を見ること帰するが…　「帰する」は家に帰る（ときのようにゆったりと落ち着いている）の意。中国前漢時代の梁《りょう》の儒学者、戴徳《たいとく》が編纂《へんさん》した「大戴礼」〈曽子《そうし》制言上〉に出る「其《そ》の避くべからざるに及ぶや、君子は死を視《み》ること帰するが如《ごと》し」に基づく表現。

一四一　*満州事変　旧日本軍の中国東北部侵略戦争。昭和六年（一九三一）九月、中国瀋陽《しんよう》市（当時は奉天）近郊、柳条湖での鉄道爆破を契機として始まった。

*フランスに…　岡潔は、昭和四年四月から三年間、パリ大学の数学者集団ブルバキ Nicolas Bourbaki に留学していた。

一四二　*永井龍男　小説家。明治三七年（一九〇四）東京生れ。作品に「朝霧」「一個」など。平成二年（一九九〇）没。

*青梅雨　昭和四〇年九月、『新潮』に発表した。

*カルモチン Calmotin　鎮静催眠剤の商品名。無臭の白い粉末状の薬品。

一四三　*モウパッサン Guy de Maupassant　フランスの小説家。一八五〇～一八九三年。作品に「脂肪の塊」「女の一生」など。

*チエホフ Anton Pavlovich Chekhov　ロシアの小説家、劇作家。一八六〇～一九〇四年。小説に「可愛《かわい》い女」、戯曲に「かもめ」「三人姉妹」「桜の園」など。

一四四　*寺子屋式　「寺子屋」は江戸時代の庶民のための教育施設。武士や僧侶《そうりょ》などが、読み書き・算盤《そろばん》等を教えた。

*素読　書物の意味や内容は考えず、ひたすらその文字を音読すること。

*開立　ある数や代数式の立方根を求めること。かいりつ。

一四五　*逆説　通常一般に認められている説に反しながら、しかしなおその中にある種の真理を含むと思われる説や事象、また「急がば回れ」など、一見矛盾のように見えるが見方を変えれば真理と認められる説や事象をいう。

一四六　*福田恆存　評論家、劇作家、翻訳家。大正元年（一九一二）東京生れ。評論に「人間・この劇的なるもの」「私の国語教室」など。平成六年（一九九四）没。

＊この注解は、新潮社版「小林秀雄全作品」（全二八集別巻四）の脚注に基づいて作成した。　編集部

「情緒」を美しく耕すために

茂木健一郎

日本語による近代批評の表現を確立した小林秀雄。多変数解析函数《かんすう》論の分野で独創的な業績を残した岡潔《きよし》。二人の「知の巨人」が対談した『人間の建設』は、活《い》き活《い》きとした精神のダイナミクスに満ちていて、何度読んでも面白く、新たな発見がある。

複数の話者の言葉が行き交う「対話」。それは、成功した場合にはなぜこんなにも魅力的なものになるのだろう。

古代ギリシャを舞台として、哲学者のソクラテスや劇作家のアリストパネスが愛の本質をめぐって議論を繰り広げるプラトンの『饗宴《きょうえん》』は、高校の頃からの私の愛読書の一つ。私は、この「対話編」の古典を日本語や英語でしばしば声に出して読んでみる。すると、まるで自分がかりそめにもソクラテスの精神に染まったような気がする。錯覚に過ぎないとしても、その幻想に何とも言えない味わいがあるのである。

『人間の建設』を読む愉《たの》しみは、『饗宴』に通じる。時折、声に出して読んでみる。実にすがすがしい気分になる。

例えば、次の箇所。

岡　よい批評家であるためには、詩人でなければならないというふうなことは言えますか。

小林　そうだと思います。

岡　本質は直観と情熱でしょう。

小林　そうだと思いますね。

あるいは次のやりとり。

小林　けっきょくベルグソンの考えていた時間は、ぼくたちが生きる時間なんです。自分が生きてわかる時間なんです。そういうものがほんとうの時間だとあの人は考えていたわけです。

岡　当然そうですね。そうあるべきです。

小林　アインシュタインは四次元の世界で考えていますから、時間の観念が違うでしょう。根本はその食い違いです。

岡　ニュートン以後、物理学でいっている時間というものは、人がそれあるがゆえに生きている時間というものと違います。それは明らかに別ですね。

小林　そこが衝突の原因なんです。

岡潔が小林秀雄に問いかけている局面でも、小林秀雄が岡潔に提題している対話でも、とにかく声に出して読んでみると心地良い。すっと言葉が入ってくる。そうして、深い洞察に至る精神運動が一つの生命体のように蘇《よみがえ》り、動き出す。二人の「知の巨人」の思考のパターンのようなものが、肉体に染《し》み込んでくる。その結果、自分が少しだけ賢くなった気分になる。『人間の建設』は、「声に出して読みたい対話」なのである。

繰り返しそれに接しても飽きることがないという意味において、『人間の建設』は一編の「音楽」に似ていると言ってもよい。文字として定着された小林秀雄と岡潔の行き交いがそのような印象を私たちに与えること。その根本の理由を探ってみることは、技術の進歩に比して人間の魂の旅路が羅針盤を失ってしまっているかに見える今日の世界において、とりわけ有意義なのではないかと思う。

数学者と批評家の対談と言えば、世間通常の意味で言えばいわば「異分野」の交流である。そこには、別々の文脈の中で培《つちか》われてきた知性が向き合うという興趣がある。最初はざらざわと違和感の音を立てていたものがやがて融合していくという、ダイナミックな「アウフヘーベン」の醍醐味《だいごみ》がある。

しかし、そのような異分野交流の味わいとは別に、『人間の建設』の中には、二人の間に共有する根本感情のようなものが流れているように感じられる。そこには、響き合う「通奏低音」がある。だからこそ、対話が何とも言えない統一感と、ハーモニーの妙に満ちているのである。

人間の知的営みとしての「数学」と「批評」は、その手法において対照的である。そのことは、小林秀雄、岡潔による立論の背後にある、いわば「精神運動の生理」

のようなものの中に見え隠れしている。

数学は、論理を緻密《ちみつ》に組み立て、積み上げる学問。論理的整合性や、完備性が何よりも大事である。壮大な理論体系があったとしても、どこか一カ所でも証明に穴があれば、全ては無に帰してしまう。

イギリス出身の数学者アンドリュー・ワイルズが三百数十年間未解決だった『フェルマーの最終定理』を証明した際、最初に発表された論証には穴があった。ワイルズは、慌《あわ》てて修正を施し、欠陥を補って証明を完璧《かんぺき》なものにした。そのことで、ようやくワイルズは『フェルマーの最終定理』を解決したと認められた。もし、穴があるままだったら、ワイルズの立論がいかにすぐれたものだったとしても証明としては認められなかっただろう。

批評、そしてその対象となる文学や芸術においても、緻密な積み上げや完備性が理念として目指されるということはあるかもしれない。その一方で飛躍や断絶もまた大事である。例外的な事例としてではなく、むしろジャンルの「生理」としてそうなのである。時には、どのようにしても解決し得ない「矛盾」が、作品としての味わいにつながることもある。

表現の一部に「穴」があることは、作品としての価値に致命的な打撃を与えるということにはならない。むしろ、それが一つの生命力につながる場合さえある。例えば、カフカの『城』や夏目漱石の『明暗』のように未完に終わった作品がそうであろう。

批評家としての小林秀雄。数学者としての岡潔。それぞれの分野においてすぐれた業績を上げるための方法論やその背景となる価値観は異なる。にもかかわらず、二人の対話者が多くのものを共有しているように感じられるのはなぜか。異例とも言える響き合いの理由を解き明かす鍵《かぎ》は、岡潔の言うところの「感情」ないしは「情緒」にある。

いわゆる「連続体仮説」を巡る二つの、直観的には矛盾するとしか思えない仮定が実は無矛盾であることが証明されたという数学基礎論における画期的な業績を紹介した後で、岡潔は数学における感情の役割についてこう語る。

だから、各数学者の感情の満足ということなしには、数学は存在しえない。知性のなかだけで厳然として存在する数学は、考えることはできるかもしれませんが、やる気になれない。こんな二つの仮定をともに許した数学は、普通人にはやる気がしない。だから感情ぬきでは、学問といえども成立しえない。

その後で、創造性の本質について対話している時に、創造性の源としての「情緒」についてで岡はこう語る。

つまり一時間なら一時間、その状態の中で話をすると、その情緒がおのずから形に現れる。情緒を形に現すという働きが大自然にはあるらしい。文化はその現れである。数学もその一つにつながっているのです。その同じやり方で文章を書いておるのです。そうすると情緒が自然に形に現れる。つまり形に現れるもとのものを情緒と呼んでいるわけです。

岡潔は、「そういうことを経験で知ったのですが」と補足する。ここに、数学の歴史に残る業績を残した一人の天才の創造の秘密が明かされている。

人間の脳が新しいものを生み出す創造性のメカニズムの詳細は、未《いま》だ明らかにされていない。それでも、創造するプロセスが、「思い出す」ことに近いということはわかってきている。

脳の側頭連合野に、さまざまな経験が蓄積される。それを、前頭葉が引き出すことが、「思い出す」ことである。この際、過去に経験したことをそのまま再現するだけならば、通常の意味での「想起」である。その一方で、経験の要素を組み合わせて、新たな脈絡をつなぎ、今までにないかたちで生み出すのが「創造」である。

思い出す時に、「こんなことを知っている」という「既知感」が想起の引き金になるように、「このようなものを生み出したい」というヴィジョンが創造における導きを与える。そして、「既知感」も「ヴィジョン」も、前頭葉の回路が中心となって生み出される。岡潔の言う「情緒」は、このような脳の働きと関連している。

岡は続ける。


どうも前頭葉はそういう構造をしているらしい。言い表しにくいことを言って、聞いてもらいたいというときには、人は熱心になる、それは情熱なのです。そして、ある情緒が起るについて、それはこういうものだという。それを直観といっておるのです。

ここに表明されている創造性に関する見解は、現代の脳科学の知見とも共鳴する部分が多い。人間が新しい価値のあるものを生み出すという限りない驚異の秘密を、「情緒」という言葉で指し示した岡潔には先見の明があった。

ひとつの「情緒」に囚《とら》われているとき、人は必ずしもある具体的な内容を思い描いているわけではない。個別の具体的な情報をすでに把握しているわけではない。それでも、「情緒」は結果として生み出されるものの性質を厳密に指定している。モーツァルトが一瞬にして交響曲の全体を構想する時、楽譜が隅々まで具体的に記銘されているわけではない。むしろ、ある「情緒」が、きわめて精確に捉《とら》えられているのである。

「情緒」が創造の出発点となる。具体的な個物は、その情緒に導かれて、流れるように生み出されてくる。意識は、ただ邪魔をしさえしなければ良い。このような創造のプロセスの本質において、数学と文章表現は通底している。

この観点から見れば、数学が緻密なのに対して、文章表現は曖昧《あいまい》ということにはならない。むしろ、生成に至る情緒の精確さにおいては、すべての創造は等価である。小林秀雄のようなすぐれた文章家においては、構想がなされた時点で、言葉はその「情緒」の中に把握されている。具体は、猛スピードで疾走する「情緒」の後を有限の速度で追いかけていくに過ぎない。

感性は、論理に先駆ける。この世の中に、そもそも曖昧なものなどない。ただ、個々の事例において、見ている世界の広さと、把握の深さが違うだけである。数列を記述する際の論理的緻密さと等価な情緒の精確さが、自然言語列を導く。そのような意味合いにおける卓越した表現者だったからこそ、小林秀雄は『人間の建設』の中で岡潔と深く響き合ったのである。

生きている人間などというものは、どうも仕方のない代物《しろもの》だな。何を考えているのやら、何を言い出すのやら、仕出来《しでか》すのやら、自分の事にせよ他人事にせよ、解《わか》った例《ため》しがあったのか。鑑賞にも観察にも堪えない。其処《そこ》に行くと死んでしまった人間というものは大したものだ。何故《なぜ》、ああはっきりとしっかりとして来るんだろう。まさに人間の形をしているよ。してみると、生きている人間とは、人間になりつつある一種の動物かな。

『無常という事』の中に記された、川端康成に語ったという小林秀雄のあまりにも有名な言葉。ここには、一つの情緒が確かに捉えられている。日本という国家を巡る情勢が緊迫する中で生み出されたこの短くも美しい随想は、言葉の配列として、きわめて緻密な論理に貫かれている。ただ、その論理が、数学の形式では今のところは書けないというだけのことである。

あるいは、将来においては通じるかもしれない。世界は広い。数学者岡潔は、数学の方法を持ってしか明示的には表現できない領域を扱った。同じように、批評家小林秀雄は、日本語という自然言語を用いなければ取り組めない問題に向き合った。結果として生み出されるものは、表面的には異なる姿をしているように見える。しかし、創造に至る「情緒」の機微においては、両者はひどく似通っている。

ある言葉がヒョッと浮かぶでしょう。そうすると言葉には力がありまして、それがまた言葉を生むんです。私はイデーがあって、イデーに合う言葉を拾うわけではないのです。ヒョッと言葉が出てきて、その言葉が子供を生むんです。そうすると文章になっていく。文士はみんな、そういうやりかたをしているだろうと私は思いますがね。それくらい言葉というものは文士には親しいのですね。

対談中、小林秀雄が岡潔を相手にもらした批評という仕事の感触。一つひとつの言葉を精密機械のように組み立てる「職人」の姿が浮かび上がる。創造の神さまは、自然言語と数学を区別されてはいない。

「人間の建設」において大切なことは何か。私たちは、何を拠《よ》り所とすべきか。インターネットをはじめとする情報メディアの爆発的発展に魂が取り残されつつある現代人にとって、これほど切実な問題はないだろう。この対話の中には、私たちの滋養になるヒントがちりばめられている。

生命の本質は、不断なる生成。そうして、脳による創造性の出発点は、一つの「情緒」。だとすれば、私たちは「情緒」を育《はぐく》み、耕し、抱くことに心を砕かなければならないだろう。

現代の混迷の中で、私たちはいかに「情緒」を美しく耕すことができるのか。二人の先人が範を示してくれている。

（平成二十二年一月、脳科学者）

本書は『小林秀雄全作品』（新潮社版第六次全集）より、「人間の建設」及びその注釈部分を底本とした。

表記について

新潮文庫の文字表記については、原文を尊重するという見地に立ち、次のように方針を定めました。

一、旧仮名づかいで書かれた口語文の作品は、新仮名づかいに改める。
二、文語文の作品は旧仮名づかいのままとする。
三、旧字体で書かれているものは、原則として新字体に改める。
四、難読と思われる語には振仮名をつける。

なお本作品中には、今日の観点からみると差別的表現ととられかねない箇所が散見しますが、著者自身に差別的意図はなく、作品自体のもつ文学性ならびに芸術性、また著者がすでに故人であるという事情に鑑み、原文どおりとしました。

（新潮文庫編集部）

小林秀雄著

Xへの手紙・私小説論

批評家としての最初の揺るぎない立場を確立した「様々なる意匠」、人生観、現代芸術論などを鋭く捉えた「Xへの手紙」など多彩な一巻。

小林秀雄著

作家の顔

書かれたものの内側に必ず作者の人間があるという信念のもとに、鋭い直感を働かせて到達した作家の秘密、文学者の相貌を伝える。

小林秀雄著

ドストエフスキイの生活

文学界賞受賞

ペトラシェフスキイ事件連座、シベリヤ流謫、恋愛、結婚、賭博——不世出の文豪の魂に迫り、漂泊の人生を的確に捉えた不滅の労作。

小林秀雄著

モオツァルト・無常という事

批評という形式に潜むあらゆる可能性を提示する「モオツァルト」、自らの宿命のかなしい主調音を奏でる連作「無常という事」等14編。

小林秀雄著

本居宣長

日本文学大賞受賞（上・下）

古典作者との対話を通して宣長が究めた人生の意味、人間の道。「本居宣長補記」を併録する著者畢生の大業、待望の文庫版！

小林秀雄著

直観を磨くもの

——小林秀雄対話集——

湯川秀樹、三木清、三好達治、梅原龍三郎……。各界の第一人者十二名と慧眼の士、小林秀雄が熱く火花を散らす比類のない対論。

プラトーン
森進一訳
饗宴
酒席の仲間たちが愛の神エロースを讃美する即興演説を行い、肉体的愛から、美のイデアの愛を謳う……。プラトーン対話の最高傑作。

プラトーン
田中美知太郎
池田美恵訳
ソークラテースの弁明・クリトーン・パイドーン
不敬の罪を負って法廷に立つ師の弁明「ソークラテースの弁明」。脱獄の勧めを退けて国法に従う師を描く「クリトーン」など三名著。

ルソー
青柳瑞穂訳
孤独な散歩者の夢想
十八世紀以降の文学と哲学に多大な影響を与えたルソーが、自由な想念の世界で、自らの生涯を省みながら綴った10の哲学的な夢想。

ヤスパース
草薙正夫訳
哲学入門
哲学は単なる理論や体系であってはならない。実存哲学の第一人者が多年の思索の結晶と、〈哲学すること〉の意義を平易に説いた名著。

フロイト
高橋義孝
下坂幸三訳
精神分析入門（上・下）
自由連想という画期的方法による精神分析の創始者がウィーン大学で行なった講義の記録。フロイト理論を理解するために絶好の手引き。

ニーチェ
西尾幹二訳
この人を見よ
ニーチェ発狂の前年に著わされた破天荒な自伝で、〝この人〟とは彼自身を示す。迫りくる暗い運命を予感しつつ率直に語ったその生涯。

新潮文庫最新刊

人間《にんげん》の建設《けんせつ》

新潮文庫　こ－6－8

平成二十二年三月一日発行
令和四年五月二十日十六刷

著者　小《こ》林《ばやし》秀《ひで》雄《お》　岡《おか》潔《きよし》

発行者　佐藤隆信

発行所　株式会社新潮社

郵便番号　一六二－八七一一
東京都新宿区矢来町七一
電話　編集部(〇三)三二六六－五四四〇
　　　読者係(〇三)三二六六－五一一一
http://www.shinchosha.co.jp

価格はカバーに表示してあります。

乱丁・落丁本は、ご面倒ですが小社読者係宛ご送付ください。送料小社負担にてお取替えいたします。

印刷・株式会社精興社　製本・株式会社大進堂

ISBN978-4-10-100708-3　C0195